組込みエンジニア教科書

組込みソフトウェア開発のための
構造化プログラミング

著 SESSAME WG2
（セサミ　ワーキンググループツー）

【　本書内容に関するお問い合わせについて　】

このたびは翔泳社の書籍をお買い上げいただき、誠にありがとうございます。弊社では、読者の皆様からのお問い合わせに適切に対応させていただくため、以下のガイドラインへのご協力をお願い致しております。下記項目をお読みいただき、手順に従ってお問い合わせください。

● ご質問される前に

弊社Webサイトの「正誤表」をご参照ください。これまでに判明した正誤や追加情報を掲載しています。

　　正誤表　https://www.shoeisha.co.jp/book/errata/

● ご質問方法

弊社Webサイトの「刊行物Q&A」をご利用ください。

　　刊行物Q&A　https://www.shoeisha.co.jp/book/qa/

インターネットをご利用でない場合は、FAXまたは郵便にて、下記"翔泳社 愛読者サービスセンター"までお問い合わせください。
電話でのご質問は、お受けしておりません。

● 回答について

回答は、ご質問いただいた手段によってご返事申し上げます。ご質問の内容によっては、回答に数日ないしはそれ以上の期間を要する場合があります。

● ご質問に際してのご注意

本書の対象を越えるもの、記述個所を特定されないもの、また読者固有の環境に起因するご質問等にはお答えできませんので、予めご了承ください。

● 郵便物送付先およびFAX番号

　　送付先住所　〒160-0006　東京都新宿区舟町5
　　FAX番号　　03-5362-3818
　　宛先　　　　（株）翔泳社 愛読者サービスセンター

※本書に記載されたURL等は予告なく変更される場合があります。
※本書は、本書執筆時点における情報をもとに執筆しています。
※本書の出版にあたっては正確な記述につとめましたが、著者や出版社などのいずれも、本書の内容に対してなんらかの保証をするものではなく、内容やサンプルに基づくいかなる運用結果に関してもいっさいの責任を負いません。
※本書に掲載されているサンプルプログラムやスクリプト、および実行結果を記した画面イメージなどは、特定の設定に基づいた環境にて再現される一例です。
※本書では™、®、©は割愛させていただいております。

はじめに

　ソフトウェア開発環境の進化のおかげで、短時間でさくっと試作レベルのソフトウェアができてしまう時代になっています。ビジネス面においても、まず試作レベルで市場に投入してからソフトウェアを成長させていくことが、新規事業立ち上げの際の成功の鍵のひとつとなっています。いわゆる「試作駆動開発」で、ビジネスの仮説検証を行っていく方法です。

　一方、既存の動くソースコードを使い続けて、製品を出荷している企業もたくさんあります。品質を作り込んで量産に対応させつつ、ソースコードを部分的に変更していく開発です。これは「派生開発」と呼ばれます。

　試作駆動開発および派生開発のいずれにおいても、機能の追加や削除をすばやく実施するためには、設計図と設計通りに動くソースコードが必要です。試作駆動開発においては、まず構造の骨格となる設計図を作成し、重要なシナリオの通り道だけをプログラミングする。その後、設計構造を改善しながら、重要なシナリオをプログラミングする。そして、設計構造がほぼ固まったら、その構造を保ったまま一気にプログラミングを行う。このような反復型の開発が可能となります。

　試作駆動開発では、設計図で全体像を作り、その一部分をプログラミングする、という段階的詳細化ができます。派生開発においては、いきなりソースコードを近視眼的に変更するのではなく、設計図で対応箇所と影響箇所を見極める大局的な開発ができます。本書では、これらを実現するために、設計図とプログラミングを同時に学ぶことを狙いにしています。

　最後に、本書の企画からご意見をいただいた、翔泳社の佐藤さんと長谷川さんに深く感謝いたします。執筆途中でソースコードの（ほぼ）全面差し替えという事態で、執筆が大幅に遅れたことにも、黙々と対応していただき、ありがとうございました。

2016年8月

著者を代表して　山田大介

contents

はじめに ……………………………………………………………… iii
本書の使い方 ………………………………………………………… xi

Chapter 1 良いソースコードとは

1.1 シンプル …………………………………………………… 1
1.1.1 簡潔 …………………………………………………… 1
1.1.2 明快な命名 …………………………………………… 3
1.1.3 規則的 ………………………………………………… 6

1.2 本質指向 …………………………………………………… 7
1.2.1 分割・凝集・集約 …………………………………… 7
1.2.2 抽象化 ………………………………………………… 10

1.3 洗練された階層 …………………………………………… 11
1.3.1 自然な呼び出し ……………………………………… 11
1.3.2 包括的 ………………………………………………… 13
1.3.3 対称的 ………………………………………………… 16

1.4 丁寧で慎重 ………………………………………………… 18
1.4.1 補助説明 ……………………………………………… 18
1.4.2 文書と一致 …………………………………………… 18
1.4.3 予防的 ………………………………………………… 18

Chapter 2 良いコードを見る

2.1 要求仕様 …………………………………………………… 21
2.1.1 ライン走行ロボット本体 …………………………… 21
2.1.2 動作仕様 ……………………………………………… 22
2.1.3 ソフトウェアの全体構成 …………………………… 22

2.2	ファイル構成	23
2.3	main 関数	27
2.4	main 関数から呼び出されている関数	31
2.5	入力モジュール	36
2.6	センサ値を読んでいるモジュール	39
2.7	演算モジュール	43
2.8	出力モジュール	44
2.9	どこが良いのか？	50
	2.9.1 ファイル名と変数名からファイルの責務が見えてくる	50
	2.9.2 ファイルヘッダで関数インタフェースを公開している	50
	2.9.3 変数がカプセル化されている	51
	2.9.4 状態や状況が「漏れなく」分類・定義されている	51
	2.9.5 関数の行数が短く簡潔である	52
	2.9.6 関数の名前から機能がわかる	52
	2.9.7 利用される変数だけ渡している	52
	2.9.8 利用するヘッダファイルだけインクルードしている	52
	2.9.9 深くまで追わなくても動きを予測できる	53

良い設計図を見る

3.1	ソースコードを構造的に見る	55
3.2	良いソースコードは構造も良い	62
	3.2.1 BOSS モジュールと処理モジュールが階層化されている	62
	3.2.2 入力部と出力部が分割されている	63
	3.2.3 引数と戻り値が明確になっている	64
	3.2.4 単方向の依存性になっている	64
	3.2.5 同じ階層での横のつながりがない	64
	3.2.6 モジュール名で何をしているのかがわかる	65
	3.2.7 第2階層のモジュール名で主要機能がわかる	65

ソフトウェア設計の基本

4.1 ソフトウェアの設計とは？ ･･････････ 67
- 4.1.1 さまざまなソフトウェア設計 ･･････ 67
- 4.1.2 構造化は設計の基本 ･･････ 70
- 4.1.3 箱と線と配置 ･･････ 70
- 4.1.4 静的構造設計ファースト ･･････ 72
- 4.1.5 仕様追加・変更時も「箱、線、配置」から ･･････ 72

4.2 設計図とは？ ･･････････ 73
- 4.2.1 検索から図面化へ ･･････ 73
- 4.2.2 設計図で設計意図を伝達する ･･････ 74
- 4.2.3 設計図はモジュール構造とデータ構造 ･･････ 75

4.3 モジュール構造図 ･･････････ 76
- 4.3.1 上下左右のシステム形状を形成する ･･････ 77
- 4.3.2 コーリングシーケンスは、なぜ設計図ではないのか？ ･･････ 78
- 4.3.3 構造図の表記法 ･･････ 79

4.4 データ構造 ･･････････ 80
- 4.4.1 データ辞書 ･･････ 81

4.5 ファイル構造図／クラス図 ･･････････ 83
- 4.5.1 最小のソフトウェア部品 ･･････ 83
- 4.5.2 クラス図 ･･････ 85
- 4.5.3 コミュニケーション図 ･･････ 86
- 4.5.4 コミュニケーション図とシーケンス図の使い分け ･･････ 86

4.6 コンポーネント構造図 ･･････････ 87
- 4.6.1 コンポーネントでモジュールを表現 ･･････ 88
- 4.6.2 コンポーネントのインタフェースの定義 ･･････ 89

4.7	静的構造は粒度を変えられる	91
4.8	タスク構造図	93
	4.8.1　静的構造と動的構造の関係	94

Chapter 5 コードと設計図を同期させる

5.1	仕様変更：お買い物ロボット	95
5.2	近視眼的な派生開発	96
5.3	大局的な派生開発	104
	5.3.1　仕様変更に対応したソースコード	149

Chapter 6 7つの設計指針

6.1	単一責務	151
	6.1.1　WHATの名称	152
	6.1.2　カプセル化	154
	6.1.3　入口1つ出口1つ	155
6.2	データ設計ファースト	156
	6.2.1　本質データ	156
	6.2.2　分類と階層化	159
	6.2.3　データ抽象	162
6.3	知的階層化	165
	6.3.1　レベル化	165
	6.3.2　単方向依存	166
6.4	インタフェース定義	167
	6.4.1　インタフェースと実装の分離	168
	6.4.2　置換可能	168

- **6.5** 水平レイヤリング ……………………………………… 169
  - 6.5.1 3層構造　170
  - 6.5.2 指示と報告の伝播ルート　171
- **6.6** 垂直パーティショニング ……………………………… 172
  - 6.6.1 IO分離、STS分割　173
  - 6.6.2 UI分離　174
- **6.7** 横断的関心 ………………………………………………… 175
  - 6.7.1 伝播ルート　175
  - 6.7.2 対称性（シンメトリ）　178

Chapter 7　設計品質の指標

- **7.1** モジュラリティ ………………………………………… 181
  - 7.1.1 モジュールとは？　181
  - 7.1.2 モジュールの長さ　182
  - 7.1.3 凝集度　184
  - 7.1.4 結合度　192
  - 7.1.5 識別性　197
- **7.2** システム形状 …………………………………………… 199
- **7.3** 2つのビューポイントと品質特性 …………………… 202

Chapter 8　設計中心開発

- **8.1** アセンブラ的Cからモジュール的Cへ …………… 205
  - 8.1.1 中心ファイル　206
  - 8.1.2 設計の主題　206

	8.1.3　ヘッダファイルの位置づけ	206
	8.1.4　変数スコープ	207
	8.1.5　main関数の役割	207

8.2　派生開発で設計図とソースコードを同期させる……207

8.3　新規開発で設計図とソースコードを同期させる：段階的詳細化…209

　　8.3.1　骨格（スケルトン）の作成　209
　　8.3.2　実現可能性調査　210
　　8.3.3　段階的詳細化（肉付け）　210

8.4　ソフトウェアを活用しやすい資産にする……………210

　　8.4.1　ソースコード流用　211
　　8.4.2　部品化再利用　212
　　8.4.3　プロダクトライン開発　212
　　8.4.4　体質変換：在庫化サイクルから資産化サイクルへ　213

Appendix A　ソフトウェア疲労（良くない例）　215

A.1　そもそも設計していない……………………………216

　　A.1.1　一筆書き　216
　　A.1.2　クローン　216

A.2　設計技法を使いこなせていない……………………216

　　A.2.1　神様データ　217
　　A.2.2　中央集権　217
　　A.2.3　スパゲティ　218

A.3　全体設計ができていない……………………………218

　　A.3.1　老舗温泉旅館　218
　　A.3.2　一枚岩　219

| Appendix B | ソフトウェア設計の定石 | 220 |

| Appendix C | 構造化モデリングの実施例 | 222 |

| Appendix D | 配列とポインタの文法 | 225 |

Index ·· 245
用語辞書 ··· 249
参考文献 ··· 252

本書の使い方

● 本書の対象読者

　本書は、組込みソフトウェアの構造設計について学びたい方を、主な対象読者としています。設計を学ぶのが初めての方はもちろん、復習をしたい方や、ご自身が理解していることをだれかに教えたいと考えている方にも最適です。

　本書では、構造を意識したC言語のソースコードを見ながら学んでいくため、組込みソフトウェア開発に適したプログラミングを設計と同時に学ぶことができます。C言語の文法的な要素についても一部解説しているので、C言語に詳しくない方でも読むことができます。ただし、まったくの初心者の方にはやや難しい話もありますので、C言語の入門書もあわせて参照することをおすすめします。

● 本書の構成

　本書は、ソフトウェアの設計図とそれに対応するソースコードを示すことで、設計と実装を同時に学習することを目的としています。良い設計がソースコードを生み出し、良いソースコードは、良い設計構造になっている、ということに気づいていただければ幸いです。

　ソースコードの具体例を見ながら、設計図と照らし合わせ、設計の基本や設計方針を習得できる構成となっています。また、C言語の文法についても、コード例に合わせて解説をしています。

　本書の全体像は次の図の通りです。以下、各章の内容について紹介します。

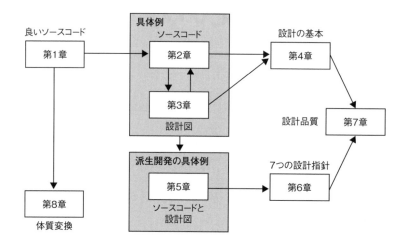

第1章

　第1章では、良いソースコードの特徴を紹介します。プログラミングの経験がある方は、過去に作ったご自分のソースコードと照らし合わせながら読んでみてください。何らかの気づきがあれば、そこにマーカを引いておくことも有効です。プログラミングを経験したことがない方は、まず一読してみてください。そして本書を最後まで読み終わったあとに、もう一度読み直してみて、本書で提示した設計図とソースコードが、これらの良いソースコードの特徴に合っていることを確認してください。それらを実践に移すことで、良いソフトウェア設計への第一歩が踏み出せるはずです。もしおかしな設計になっている部分を発見したら、ご指摘していただければ幸いです。今後の課題としてサポートページ等で議論していきたいと思います。

第2章

　第2章では、良いソースコードの具体例を見ていきます。ヘッダファイルと実装ファイルがペアになっていること、ファイル名、関数名そして変数名が、問題ドメイン*の名称になっていること、externとstaticでファイルの

---

*問題ドメインとは、プログラムが解決すべき問題のことです。今回の題材ではライン走行ロボットにあたります。詳しくは本文を参照してください。

外部へ公開するものと内部に閉じたものを明示していること、関数が画面スクロールしなくても全体を見渡せる長さになっていること、などに注目してください。

第3章

　第3章では、第2章のソースコードを設計図として表現した例を見ていきます。設計図には、「手続き」ではなく「構造」が表現されていることを理解してください。C言語は手続き型言語なので、手続きを並べれば動くプログラムはできます。しかし、保守することが困難になっていきます。また、手続きに注目すると、どうしても理解が局所的になります。構造を理解すると、全体像を俯瞰でき、設計の勘所が見えてきます。第2章のソースコードと本章の設計図を交互に対応させてみることも有効です。

第4章

　第4章では、設計の基本を紹介します。まずは、データ構造を安定させることが堅牢なプログラム設計につながることを理解してください。そして、モジュール構造に注目していくと、良い設計構造とは何かが見えてきます。本章で紹介する、データ辞書の活用やSTS（源泉―変換―吸収）という構造を意識した設計ができれば、設計の基本はできているといって良いでしょう。

第5章

　第5章では、仕様変更や不具合対応時の修正方法を紹介しています。「派生開発」と呼ばれているものです。ここで重要なことは、「設計とソースコードを同期させる」ことです。同期させるとは、ソースコードを作ったら（同じ作業として）設計図で確認してみる、もしくは、設計図を先に書いて（同じ作業として）ソースコードを作る、ということです。ソースコードを作ってから、別作業として設計書を書くことは、極力避けましょう。そうすると、ほぼ確実にソースコードだけがひとり歩きして、使われない設計書になってしまいます。そして、ソースコードを変更する際には、関数の内部を近視眼的に修正してはなりません。関数の内部を修正することで、関数やファイ

ルの責務が増えてしまい、後で見ると理解できないソースコードになってしまいます。まず構造的に見て、どこを修正すべきかを考え、必要であれば、新規のファイルを作成する、という大局的な修正を行うことが大切です。

第6章

　第6章では、7つの設計指針を紹介しています。こちらは、少し高度な内容となりますので、すぐに理解できなくても、それほど問題はありません。また、もしかしたら、皆さんの開発現場では、他の設計指針を優先しているかもしれません。本書の7つの設計指針も含めて、皆さんで、ベストプラクティスを蓄積していってください。

第7章

　第7章では、設計品質の見方に触れています。設計レビューで使うことができる尺度です。特に「高凝集・疎結合」は、開発者全員が知っていて、実践できることを推奨します。

第8章

　第8章では、コード中心から設計中心への体質変換に言及しています。皆さんの開発スタイルを振り返ってみてください。変更する際に、まず、とりあえずソースコードを見て、関係する箇所を検索する、ということを繰り返している方はコード中心スタイルです。このスタイルで仕事を進めても、あまり設計スキルは伸びません。まず、設計図を見てあたりを付ける、というスタイルに変えてみてください。仕事が"もっと速く、もっと楽に"なるはずです。

　また、この章では、段階的詳細化の方法や、ソフトウェアの資産化の方法にも言及しています。派生開発を進めながら、徐々に、ソフトウェアの資産価値を高めることにつながります。

Appendix

　第1章「良いソースコードとは」と、第6章「7つの設計指針」は、リファ

レンスとしても使えますので、付録に一覧表を載せています。また、構造設計より上流の、構造化モデルの実施例も付録に載せています。新規開発時は、ぜひとも、上流からのアプローチを実践してみてください。その際は、「組込みエンジニア教科書」シリーズの1冊『組込みソフトウェア開発のための構造化モデリング』(翔泳社)を参考にしてください。

●ソースコードについて

　本書に掲載しているサンプルコードは、教育版レゴ®マインドストーム®の実行環境で動作します。ただし、本書はプログラミングの詳細について解説した本ではないため、実行環境に依存しない論理的な部分のソースコードのみを掲載しています。実際にライン走行ロボットを稼働させるためには、本書に掲載していない実行環境に依存した部分のプログラムも必要になります。

　また、本書に掲載しているソースコードは、教育版レゴ®マインドストーム®NXTをターゲットに開発してきたものです。教育版レゴ®マインドストーム®NXTは、本書の執筆時点で購入することができますが、旧製品の扱いになっています。ただし、本書で紹介しているサンプルプログラムは機種に依存しない設計としているため、最新の製品でも実行できます。ソースコードは日々改良を重ねていますが、完全な動作は保証できませんので、あらかじめご了承ください。

　これらのソースコードやコンパイル環境、機種依存の部分、およびその他の最新情報については、読者サポートページ(Webサイト)で紹介していく予定です。

● 読者サポートページ

本書に関連する情報を提供するWebサイトを読者のために公開します。

> ●読者サポートページ
> http://www.bslash.co.jp/books/str_prg
> ※読者サポートページは、予告なく終了することがあります。
> 　あらかじめご了承ください。

読者サポートページでは、本書に掲載したサンプルソースコードや、それ以外の部分も含めたソースコード一式を提供していきます。これらは日々変更を重ねていきますので、最新情報については読者サポートページを参照してください。

また、教育版レゴ®マインドストーム®の実機をお持ちでない方でも、プログラムの動作をPC等で確認することができるシミュレータの開発を進めています。これも読者サポートページで2016年9月下旬から順次公開していく予定です。ぜひ、お手持ちの環境でプログラミングをお楽しみください。

● 教育版レゴ®マインドストーム®について

教育版レゴ®マインドストーム®についての情報は、メーカーおよび取扱代理店のWebサイトなどを参照してください。

> 参考URL
> ●教育版レゴ®マインドストーム®日本語サイト
> 　http://www.lego.com/ja-jp/mindstorms
> ●株式会社アフレル（正規取扱代理店）
> 　http://www.afrel.co.jp/

Chapter 1 良いソースコードとは

良いソースコードとは、どのようなものでしょうか。本章では、その四ヶ条として、「シンプル」、「本質指向」、「洗練された階層」、および「丁寧で慎重」を挙げて説明しています。

1.1 シンプル

ソースコードは、ソフトウェア開発におけるコミュニケーション道具のひとつです。「うまく」記述されたソースコードは、それ自体が設計意図を表現しています。円滑なコミュニケーションを図るためにも、**「他の人が読んでもわかりやすい」**「**3ヶ月後または3年後の自分が読んでもすぐに理解できる**」というソースコード作りを目指しましょう。

1.1.1 簡潔

シンプルなソースコードを書くための第一歩は、短くて簡単、別の言い方をすると「**長過ぎず複雑過ぎず**」を心がけることです。ソースコードの場合、この考えは、関数やファイルに適用できます。

分割して短く簡単にまとめられた関数はわかりやすいものです。目安は、画面スクロールせずに見渡せる程度の長さです。また、ファイルも長過ぎず複雑過ぎないのが良いとされます。この場合の目安は、1つのファイルに同じ目的を持つ変数群だけが含まれていること、および公開関数の数が7±2個以内に収められていることです。

関数やファイルだけでなく、手続きの記述やコメントについても同様のことがいえます。手続きをできる限り短く簡潔に記述すること、不要なコメントをなくすことも重要です。

> **コラム**

シンプルさに関する名言・ことわざ集

①KISS principle

　KISSとは、Keep it simple, stupid、もしくはKeep it short and simpleの略だといわれています。ソフトウェアの世界ではしばしば引用されていることわざです。これは、1960年、アメリカの海軍において設計原則として作られた言葉といわれています。

②Simple is the best

　意味は、そのままです。ソフトウェアの世界に限らず、世界で最も有名なシンプルさに関することわざだと思われます。

③7±2の法則

　人間が短期記憶で覚えられる事柄は、せいぜい7±2個までという心理学の理論です。アメリカの心理学者ジョージ・ミラーが、1956年に「The Magical Number Seven, Plus or Minus Two: Some Limits on Our Capacity for Processing Information」という論文の中で発表しました。この法則から、箇条書きの中のアイテム数を7±2個以内に抑えるべきである、1つの関数から呼び出す関数コールの数を7±2個以内に抑えるべきであるなど、文章の書き方やプログラミングに関する多くの法則を導き出すことができます。

④Making the simple complicated is commonplace; making the complicated simple, awesomely simple, that's creativity

　これは、アメリカのジャズミュージシャンであるチャールズ・ミンガスの言葉です。日本語に訳すと、「簡単なものを複雑にしてしまうのは普通のことである。複雑なものを簡単にすること、それもあり得ないほど簡単にすること、それこそが創造性である」となります。

　物事をシンプルにすることは創造性だというわけです。すべてのソフトウェアエンジニアが心に留めておくべき言葉ですね。

1.1.2 明快な命名

シンプルさのための第2の重要事項は、**明快な言葉を用いた命名**です。イメージしやすく、かつ他とは区別しやすい言葉を選び抜いて関数や変数を命名すると、それだけでソースコードがわかりやすくなるものです。筆者もそうした改善を何度も経験しています。

関数やファイル、フォルダといった「モジュール」の名前や変数の名前は「**包括的サマリー**」でなければなりません。サマリー（summary）とは、一般的には「ある出来事や文章を、簡潔に、かつ包括的にまとめた、理解しやすい要約」という意味になります。プログラム中では、関数名、変数名、ファイル名、フォルダ名などの「モジュール名」は、すべて「サマリー」でなければなりません。別の言い方をすると、これらは常に「簡潔」で「包括的」なものでなければならないのです。すなわち、

- 関数名は、関数の役割を簡潔に、かつ包括的にまとめた、理解しやすい要約でなければならない
- 変数名は、変数の本質を簡潔に、かつ包括的にまとめた、理解しやすい要約でなければならない
- フォルダ名は、フォルダ内のファイルが含むプログラム要素の責務を簡潔に、かつ包括的にまとめた、理解しやすい要約でなければならない
- ファイル名は、ファイルに含まれているプログラム要素の責務を簡潔に、かつ包括的にまとめた、理解しやすい要約でなければならない

ということになるわけです。「簡潔」で「包括的な」サマリーを作成する過程は、ソースコードの明快さを決めるひとつの勝負どころです。

「簡潔」にするためには、名前やコメントの長さを短くする必要があります。関数名、変数名、ファイル名、フォルダ名は「簡潔」にまとまった「ひとことサマリー」で、その責務がイメージできるようになるまで言葉を選び抜きましょう。「包括的」にするためには、「サマリーで、関数やファイル、フォルダの中身全体を漏れなくカバーすること」が重要になります。もしも「名前からは想像のつかないもの」が関数やファイル、フォルダに入っていたら、その名前は包括的サマリーではありません。

● 図1.1 関数名が「包括的サマリー」ではない例と「包括的サマリー」となっている例

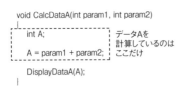
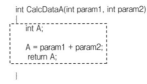

　本書の範囲ではありませんが、オブジェクト指向プログラミング言語におけるクラス名やオブジェクト名、モデルベース開発におけるブロックやサブシステムの命名、ひいては回路におけるコンポーネントの名称なども、「簡潔」で「包括的」なサマリーであることがベストです。本書でも、命名やコメントの書き方に関する示唆がいろいろと出てきますが、「簡潔」で「包括的」なサマリーを作ることは忘れないでください。

> **コラム**
> **コメントも包括的サマリーで**
>
> 　モジュール名や変数名だけでなく、コメントも包括的サマリーでなければなりません。コメントは、プログラムのある箇所（ブロック、モジュール、ファイル）を簡潔に、かつ包括的にまとめた、理解しやすい要約でなければならないのです。
>
> 　関数内のコードブロックのコメントは「簡潔」にまとまった「ワンセンテンスサマリー」を目指して作成しましょう。関数やファイルの先頭のコメントは、ワンセンテンスでは難しいので、コーディングルールに沿った書式で作成することになりますが、その中で、関数の機能の説明や、ファイルの責務の説明は、「ひとことサマリー」もしくは「ワンセンテンスサマリー」を目指して作成しましょう。

> **コラム**
>
> ## 用語集は「基本概念」の積み上げから
>
> 　開発プロジェクトの中で用いられる用語を統一する方法のひとつが、用語集を作成することです。用語集は、明快な命名を行うことにもつながる重要な作業となります。本コラムでは、用語集を作成する際のコツを1つ伝授したいと思います。
>
> 　用語集を作成する際、用語定義の中で繰り返し用いられる「基本概念」をできる限り抽出しておき、用語集の前段で定義しておくと、後段の用語定義を短くすることができます。また、定義した「基本概念」を示す用語を繰り返し使うことで、仕様記述や設計における用語の使い方が統一され、文書やプログラムの修正や改善が容易になります。
>
> 　「基本概念」を抽出するためには、用語の定義や仕様記述に現れる基本概念を見逃さないことが重要です。筆者の場合は、名詞も動詞も逃さず確認するようにしています。これを、本書で用いている走行ロボットのデータ辞書で練習してみましょう。
>
> 　　進行方向 ＝ 左右方向＋前後方向
> 　　左右方向 ＝ ［左行向｜右方向］
> 　　前後方向 ＝ ［前進｜後退｜その場］
>
> 　このデータ辞書の中では、「進行方向」という言葉が用いられており、その言葉は「進行」と「方向」から構成されていることがわかります。これらの言葉はポピュラーなので、定義しなくてもこのデータ辞書を理解することは可能ですから、用語集で定義されないことも多いでしょう。しかし、実はこれらこそが、抽出しておくべき「基本概念」なのです。たとえば、「進行」という言葉は、命名にも使用できるひとこと動詞であり、一度定義しておけば、言いたいことを「進行」のひとことで表すことができますので、以降の文章を短くすることができます。逆に、こうした基本概念を用語として定義しておかないと、仕様記述や設計が進むにつれて、「進行」という言葉の他に「走行」「移動」などの似た言葉が文書に現れるようになってわかりにくくなるリスクが生じます。

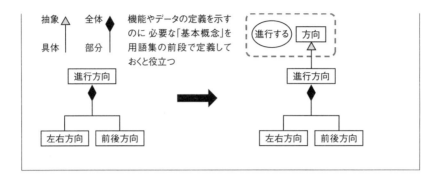

1.1.3 規則的

　ソースコードが規則的であるとは、**ソースコード全体を一貫した法則に基づいて構成できている**ということです。構造、命名法、コメントの書き方など、一貫させるべき項目は多数あり、これらに「統一感」があると、そのソースコードは規則的になり、わかりやすくなります。なお、設計面の規則性に関しては、6.7の「横断的関心」も参照してください。

> **コラム**
> **自己説明性の概念**
>
> 　自己説明性は、IEEE610の中で定義されている言葉「self-descriptiveness」の日本語訳です。selfとは「自己」、descriptivenessとは「説明可能性」もしくは「説明容易性」という意味ですから、この2つを併せると「自己説明可能性」とか「自己説明性」となるわけです。
>
> 　これは、簡単にいうと「特に説明されなくても、そのものさえ見れば何者かがわかる」ということになります。ソースコードの「自己説明性」は、ソースコードの良さに関する重要な視点です。
>
> 　モジュールの場合は、モジュール「自身」が、その目的と動きを説明できていれば、自己説明性が高い良いプログラムとなります。したがって、モジュールを設計、実装したら、設計、実装した人自身で次の事柄をチェックするようにしましょう。

- 関数もしくはフォルダの名前自身が、中身の説明になっているかどうか
- 変数の名前自身が、変数の役割の説明になっているかどうか
- 構造体の型名やメンバ名自身が、構造体の役割の説明になっているかどうか
- 関数の中身の記述を読んでみて、それ自身が目的と動きの説明になっているかどうか
- プログラムだけで「自己説明的」にするのが難しい場合、コメントが補足説明をしているかどうか

1.2 本質指向

シンプルに記述されており、正しく動作する、そんなソースコードであっても、少し仕様が変更されるとその修正に手間がかかる、そんな経験は皆さんにもあると思います。この問題を解決する鍵は、本節で示す「**本質指向**」にあります。

1.2.1 分割・凝集・集約

複雑な対象システムは、小さな要素に「**分割**」することで、私たちでも取り扱えるようになります。しかし、より良い分割のためには、単に小さく分割するだけでなく、もう一歩踏み込む必要があります。

「明快な命名」において、「ひとことで関数やファイルの中身をバッチリ表せる命名がベスト」と述べました。しかし、「ひとこと」ではまとまらないような、いろいろなものが雑多に含まれている関数やファイルに、「ひとこと」でわかりやすい名前を付けることは不可能です。この問題を解決するためには、関数やファイルには、雑多にいろいろなものを入れるのではなく、「**名前から想像できる、関係の深いものだけ**」を入れるようにする必要があります。これが「**凝集**」です。モジュールの機能／責務をギュッと絞り込むわ

けです。これができている度合いは「凝集度」と呼ばれています(詳しくは第7章参照)。

より良い分割を行うためには、もうひとつ大切なことがあります。それは、**「似た処理や変数、目的を同じにする処理や変数」**がいろいろな場所に散らばらないように集めることです。ここでは、この似たもの集めのことを「**集約**」と呼んでいます。筆者は、ソフトウェア構造の設計ができた時点で、「集約ができているかどうか」のチェックにかなりの労力を割いています。なぜならば、きちんと集約ができていないと、少しの仕様変更を行っただけで、それらの散らばった処理や変数を全部修正する羽目になってしまうからです。

こうして、分割・凝集・集約によって集めるべきものが集められ、分けるべきものが分けられた、理にかなったモジュール抽出ができていると、そのソースコードは良いものとなっているはずです。

コラム

「分割・凝集・集約と命名」は重要な使命

筆者は、モジュールを抽出して名前を付けるところに、ある意味、設計で一番気を遣っています。たとえば、仕様書を見ると、最初にやることは、それぞれの仕様を見て、「ひとこと動詞でうまいこと表せないだろうか」と考え、何が何でも、納得のいく「ひとこと動詞」をひねり出すようにしています。ひとことでまとめられない場合は、まとまりを見い出そうとします。このように「ひとこと動詞のひねり出し」から始めること自体が、どれほどモジュール抽出を重視しているかの表れなのです。

モジュールを適切に切り出して良い命名をすることは、ソフトウェア構造設計のための「基礎工事」として、たいへん重要です。そのため、この作業には、かなり強い使命感を持って取り組んでいます。設計の初期段階で全体像の見通しが立つような設計を作るために、この基礎工事は不可欠であり、開発効率の面からも、信頼性を確保するという面からも意義のあることです。

ただ、まとまりを見い出し、名前を付ける過程は、生やさしいものでは

ありません。この基礎工事の起点は多くの場合、仕様書からの機能抽出ですが、そのときには「長い……、で、何と何と何と何をするということ？」「散らばっている……これが1.1章に書いてあって、これが2.3章に書いてあって、これが5.3章に書いてある……けれど、これはひとまとまりの機能に見える……」と思うことばかりですし、まとまりを見い出せたとしても「やりたいことはわかった。で、当てはまる動詞は何だろう？（沈黙）」ということでまた苦労します。また、手戻りを防ぐために、「とりあえずこんな箱たちを見い出してみたけれど、これでやるべきことを網羅できるのかな？」とも考えてみなければなりません。

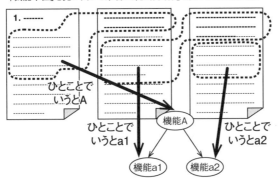

1章だけで何ページもある長い仕様から
「機能単位」を見い出して命名し、「依存関係」を見い出して構造化

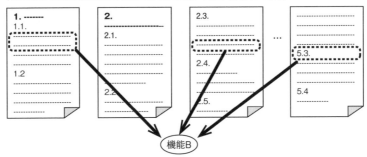

1.1章、2.3章、5.3章に散らばった仕様がすべて
「あるまとまった機能」に関係のある仕様であると見い出し、切り出して命名

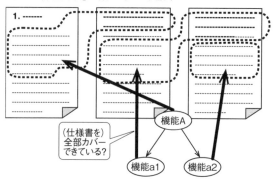

しかし、そうして苦労して行った基礎工事は、開発の後半になると、開発効率と信頼性の向上をもたらします。したがって、「分割・凝集・集約」と「命名」は、使命感を持って、気を遣ってやっていくのが良いと思います。

1.2.2 抽象化

　分割・凝集・集約によって切り出されたモジュールの本質を捉えて汎用的にしたり、目的を明確にしたりするのが**抽象化**です。システムが解決すべき問題ドメインの本質を捉えていること、すなわち、何をするのか「WHAT」と、どのように動くのか「HOW」を分離し、WHATの視点で設計を行うことがポイントです。

コラム

WHY法

　「WHAT」の視点でシステムを捉えようとする際に効果的なのが、関数名やファイル名、もしくはプログラム中の処理に対して、「なぜ〜をするの？」と問いかけてみることです。たとえば、「I/Oポートの＊＊番をアクセスする」という処理に対して、「なぜI/Oポートの＊＊番をアクセスするのでしょうか？」と問いかけてみることで、WHATである「モータを駆動する」が見えてきます。さらに、「なぜモータを駆動するのでしょうか？」と問いかけ

てみることで、WHATである「走行する」が見えてきます。これを繰り返すことで、解決すべき問題ドメインの本質に近づくことができます。

　WHY法は自問自答でもOKです。むしろたくさん「自問自答」して、問題ドメインの本質を捉えた良い設計を目指しましょう。

1.3　洗練された階層

　良いソースコードのもうひとつの条件として、**モジュール構造が洗練された階層になっており、モジュール間の連携がわかりやすいこと**が挙げられます。

1.3.1　自然な呼び出し

　自然な呼び出しとは、モジュールの呼び出し関係が、目的―手段関係もしくは全体―部分関係と一致している呼び出しのことです。次ページの図を例に考えてみましょう。

　図中の◯は機能を、☐はモジュールを、それぞれ表します。したがって、◯と→で構成された図は「機能の依存関係」を、☐と→で構成された図はモジュール構造を示します。

　図1.2の機能の例では、「卵焼きを作る」が目的、「卵を割る」は手段だというのは自然な関係です。したがって、この機能をソフトウェアで実現する場合、「卵焼きを作る」という上位のモジュールから、「卵を割る」というモジュールを呼び出すのが自然な呼び出しとなります。上下が逆になってしまうのは不自然です。

● 図1.2 自然な呼び出し（1）

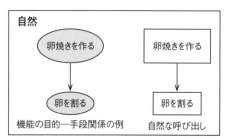

　図1.3の機能の例では、「卵焼きを作る」ためには「卵を割る」「卵を焼く」「盛り付ける」の3つのサブ機能が必要だということをモデル化しています。したがって、この機能をソフトウェアで実現する場合、全体をつかさどる「卵焼きを作る」がBOSSとなり、サブモジュール「卵を割る」「卵を焼く」「盛り付ける」を呼び出すのが自然な呼び出しです。不自然な例ではいずれも、「卵を割る」モジュールから、卵を割るために必要のない「卵を焼く」モジュールが呼び出されており、不自然になっています。

● 図1.3 自然な呼び出し（2）

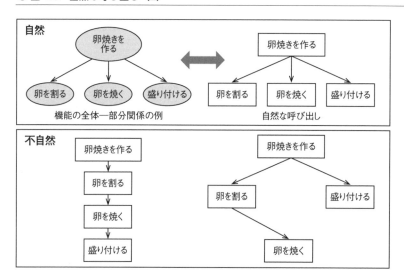

1.3.2 包括的

　包括的とは、大雑把にいえば「漏れがない」という意味になります。階層構造から見た場合の「包括的」とは、「下位要素は上位要素を埋め尽くす」ということになります。たとえば、先ほどの「卵を割る」「卵を焼く」「盛り付ける」という下位要素を見ると、「これで確かに卵焼きを作れそうだ」と感じられます。これが「埋め尽くす」ということです。

　ソースコードの場合、モジュールとサブモジュールの名前を並べてみるだけで、該当モジュールが何をするのかがわかるようにできればベストです。つまり、サマリーである「関数名」と「関数の内部処理」、および「呼び出している関数の名前だけ」を見れば、その上の階層や下の階層を閲覧しなくても、関数の概要を理解できるようにする、というわけです。これを私たちは「**2階層ルール**」と呼んでいます。

　なお、2階層ルールは、上位階層だけで成り立っていれば良いものではありません。どの階層でも2階層ルールが成立しているのが望ましい姿です。

● 図1.4　2階層ルール

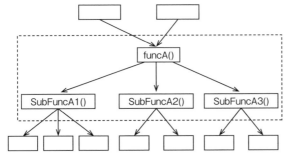

モジュールとサブモジュールの名前を並べてみるだけで、
該当モジュールが何をするのかがわかる

● 図 1.5　どの階層でも 2 階層ルールが成立している

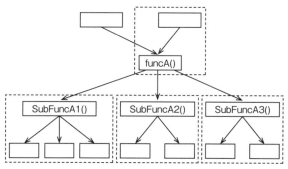

上位階層だけでなく、どの階層でも2階層ルールが
成立しているのがベスト

コラム

2 階層ルールのきっかけ

　2 階層ルールはもともと、以下のような「閲覧性の制約」に対応するために考案されています。

- テキストエディタでプログラム中の関数を閲覧するときには、一度に 2 階層しか見ることができない
- モデリングツールで、パッケージ図、クラス図、コミュニケーション図、MBD ツールのブロック線図などで記載されたモデルを閲覧するときには、同じ平面上に存在する要素しか一度に見ることができない（結果として 2 階層だけになる）

　このような状況において、理解しやすいプログラムやモデルを作り上げるためには、一度に閲覧できる範囲である「2 階層」を見るだけで、その上の階層や下の階層を閲覧しなくても、そのものが何かを理解できるようにする必要があるわけです。

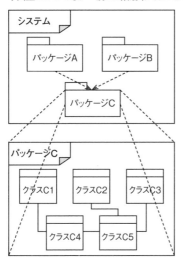

　身の回りの組込みソフトウェア開発現場を見ていると、アーキテクチャ図のような最上位の図に関しては、ほぼ確実に「2階層ルール」が実現されています。おそらく、最上位の図は、開発対象の「エグゼクティブサマリー」として、顧客もしくはかなり上位のマネージャへの説明に使用するので、何とかわかりやすいものにしようとして、自然とそうなるのでしょう。しかし、モジュール担当者が作成する成果物になると、これが徐々に崩れていき、ソースコードレベルになると、一部の高信頼性ソフトを除いては達成率がかなり落ちてしまうのが現実です。

> 2階層ルールは本来、開発に携わる人全員が実践しなければならない、極めて基本的な原則です。ソフトウェアだけでなく、システムエンジニアリングでもモデルからソースコードまで実践されなければなりません。プロとしてソフトウェアやシステム開発を実践する人たちは皆、これを実践し、指導できるようになることが理想です。

1.3.3 対称的

　対称的であるとは、対になる相手が存在し、階層の中でそれらが同じ高さにあることです。ソースコードの場合、開始処理があれば終了処理があり、入力があれば出力があり、指示があるところには報告がありといった形になっていれば、そのソースコードは対称的です。

　図1.6からわかる通り、対称的な階層構造を持つソースコードはおのずと2階層ルールを満たすことになり、ソースコードを読むだけですっきりと「処理が始まって確実に終わっている」ことを確認することができます。

　逆に、非対称的なモジュール構造の例では、「開始」を呼び出しているモジュールを読んでも、無事「終了」していることがわかりません。深くまでソースを追ったり、他モジュールを探したりしなくてはならず、2階層ルールが崩れています。

● 図1.6　対称的なモジュール構造と非対称的なモジュール構造の例

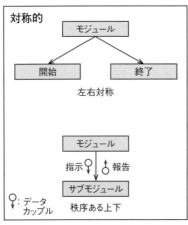
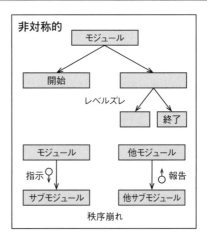

> **コラム**
>
> ## 箱は小箱の集合たるべし－サイモンの『システムの科学』
>
> 　モジュール化と階層化という構造化設計の基本となる考え方は、ソフトウェアだけでなく、人工物一般に適用できる普遍的な考え方として古くから言及されています。1969年、ハーバート・A.サイモンは著書『システムの科学』(パーソナルメディア)の中で、次のようにモジュール化、階層化、機能分割に関する普遍的な考え方を示しています。
>
> 《基本的な考え方は、すべての複雑なシステム中の構成要素は、全体の機能に対して何らかの寄与をするサブ機能を担うということである。ちょうど、システム全体の『内部環境』が、その機構の詳細仕様なしに、機能を記述するだけで定義されるように、各サブシステムの『内部環境』はそのサブシステムの機能を表現することで、内部機構の詳細仕様を記述することなく定義される》
>
> 　これはすなわち、複雑なシステムは「箱の中に複数の小箱がある」「小箱はそれぞれサブ機能を担う」「箱も小箱も細かく見なくても目的がわかる」「小箱が集まれば確かに箱が実現できるとわかる」ように設計すべきである、ということをいっています。この考え方は、ソフトウェアの場合、構造化設計でも、オブジェクト指向設計でも、ソースファイルやフォルダ設計でも、モデルベース開発のモデル記述でも、同様に適用されるべき概念です。
>
> 　本書で題材とするライントレースロボットのコンポーネントも、上記の4条件を満たしているといえます。
>
> ```
> ライントレースする
>  ┌──────────┐  ┌──────────┐  ┌──────────┐
>  │ ラインズレを │  │ 走行コースを │  │ ナビゲートに │
>  │ 検知する   │  │ ナビゲートする│  │ 沿って走る  │
>  └──────────┘  └──────────┘  └──────────┘
> ```
>
> 　サイモンの考えを実現するためには、本書で議論している設計の基礎が有用です。「箱も小箱も細かく見なくても目的がわかる」ようにするためには、「機能の包括的サマリーとなるひとこと動詞を選ぶ」ことがたいへん重要になります。「小箱が集まれば確かに箱が実現できるとわかる」とは、「2階層ルール」そのものです。

1.4 丁寧で慎重

丁寧さと慎重さ、これはソースコードが良いといえるためのもうひとつの重要な側面です。プログラミング時の心構えとしては、ある意味最も重要な側面かもしれません。

1.4.1 補助説明

ここまで、シンプル、本質指向、洗練された階層の3つを紹介し、ソースコードは「自己説明的」、すなわち「見ればわかる」のが望ましいことを説明してきました。しかし、次のようなどうにも「自己説明的」にできないソースコードも出てきます。

- 無理に自己説明的にしようとすると名前が長くなって簡潔さを失う関数名
- 変数名だけではロジックを容易に説明できないif文の中身
- 容易には目的がわからないループ

そのような難しい箇所にはコメントを付与して、ソースコードの読者をサポートするようにしましょう。その読者は、開発の仲間かもしれませんし、3ヶ月後のあなたかもしれません。

1.4.2 文書と一致

ソースコードが文書やモデルとズレていないか、よく確認しましょう。文書との整合性、一貫性は、良いソースコードの重要な条件のひとつです。これについては第5章でも詳しく議論していきます。

1.4.3 予防的

予防的とは、意図せざる入力や操作、もしくは内部欠陥があっても故障しないようにプログラミングすることです。英語では「defensive programming」と呼ばれます。信頼性や安全性が重視される組込み開発では、この慎重さが外せない要素となります。

● 図 1.7　良いソースコードとは

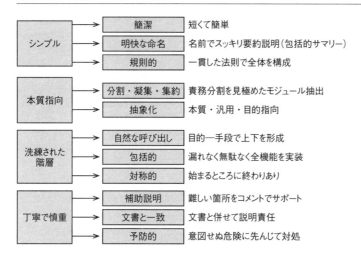

> **コラム**
>
> **フォールトトレランスとエラートレランス**
>
> 　少し古い標準ですが、フォールトトレランスとエラートレランスは、IEEE610にて以下のように定義されています。いずれも、「予防的」と深い関係があります。
>
> fault tolerance ... The ability of a system or component to continue normal operation despite the presence of hardware or software faults. (ハードウェアやソフトウェアの欠陥に関わらず通常動作する能力)
> error tolerance ... The ability of a system or component to continue normal operation despite the presence of erroneous inputs. (間違った入力があっても通常動作する能力)
>
> 　ただ、上記の定義だと少し覚えにくいので、筆者は次のように覚えています。どちらも頑健なスポーツ選手のイメージです。
>
> - ケガをしてもプレーを続けられるのがフォールトトレランス
> - ファールを受けてもプレーを続けられるのがエラートレランス

> **コラム**
>
> **ケガやファールはアピールせよ**
>
> 　組込みソフトの開発においては、「欠陥を見逃さない」ことはたいへん重要になります。気づかないまま欠陥を残存させてしまうことは避けなければなりません。ともすると、実は内部でおかしな動きをしているにもかかわらず、外から見ると正常に動作を続けているので、テスト時に欠陥を見逃してしまい、あとあと大きな問題になる、といった事態も発生しかねません。
>
> 　そこで、「ケガ（欠陥）やファール（間違った入力）を確実に開発者にアピールする」ことも大切になります。この考え方は、予防的プログラミングの世界では「Fail Early And Openly」の原則と呼ばれています。ソフトウェアの規模が大きくなればなるほど、この考え方は重要になります。規模が大きくなればなるほど、ソフトウェアの中に残っている欠陥の発見が難しくなるからです。方法としては、
>
> - アサーションを用いる
> - 不正な引数を受け取った場合、エラーを返す
>
> などが挙げられます。

Chapter 2 良いコードを見る

　この章では、具体的なソースコードを読んで、どこが、なぜ良いのかを挙げていきます。題材とするソフトウェアは、ライン走行ロボットに搭載するソフトウェアです。

2.1 要求仕様

　以下に、題材とするソフトウェアの要求仕様を簡単に述べておきます。なお、厳密な要求仕様の書き方は本書の対象外です。

2.1.1 ライン走行ロボット本体

　ライン走行ロボット本体として教育版レゴ®マインドストームNXTを使います。ライン走行ロボット本体には、左右の車輪を駆動するサーボモータ、白黒の濃淡を検知する光センサ、背中には傾斜角度を検知するジャイロ（角速度）センサが付いています。

●図2.1　ライン走行ロボット本体

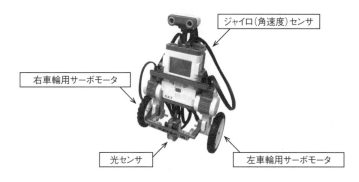

2.1.2 動作仕様

ライン走行ロボットは、楕円形のコース上を、倒立しながら走行します。倒立とは、車輪が左右2個しか付いていないのに、車体が立ったまま倒れない、というイメージです。

● 図 2.2 動作仕様

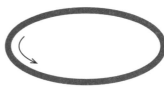

2.1.3 ソフトウェアの全体構成

ライン走行ロボットに搭載するソフトウェアは、ライン走行ロボットと倒立モジュールの2つのコンポーネントで構成します。開発対象は、ライン走行ロボットになります。姿勢を検知して、倒れないように倒立しながら前後左右に進む倒立モジュールは、外部調達するものとします（自作しません）。

ライン走行ロボットは、走行コースの濃淡を光センサで検知して、黒ラインのエッジに沿って走行します。ラインの濃淡を判断して、左側に進むか右側に進むかを決めて、倒立モジュールに方向指示することで、倒立しながら、ラインに沿って走行します。

● 図 2.3　ライン走行ロボットのソフトウェア構成

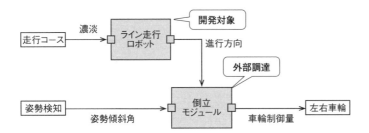

```
濃淡       ＝ ＊光照射エリア内の黒が占める割合＊
進行方向   ＝ 左右方向＋前後方向
左右方向   ＝ ［左方向｜右方向］
前後方向   ＝ ［前進｜後退｜その場］
車輪制御量 ＝ ＊サーボモータへの制御量＊
姿勢傾斜角 ＝ ＊1秒当たりの傾き変化量＊
```

注：＊と＊で囲まれた箇所はコメントです。文書によってデータを説明する際に使用します。

ファイル構成

　ここからは実際のソースコードを見ていきます。まずはファイル構成です。ライン走行ロボットに搭載するソフトウェアは、21個のファイルから構成されています。同じ名前のヘッダファイル（.hファイル）と実装ファイル（.cファイル）がペアになっています。

●図2.4 ファイル構成

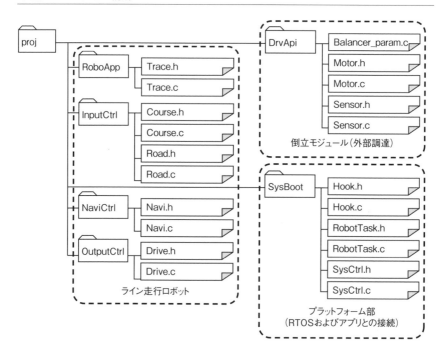

　外部調達とのジュールとのインタフェースは3つです。処理の起点の呼び出し、光センサ値の取得、左右車輪の制御です。

処理の起点の呼び出し

　SysCtrl.cのsc_traceMain関数から、Trace.cのtr_run()が20msec周期で起動されます。

　今回のプログラム対象は、20msecで毎回呼ばれることを想定しています。

　リアルタイムOSを搭載しているイベント駆動型のプログラムではなく、一定周期で毎回呼び出されるプログラムは、サイクリック実行型と呼ばれます。main関数として、後で説明します。

● コード例1　処理の起点の呼び出し箇所

```
/************************************************************
 * ファイル名 : SysCtrl.c
 * 関数名    : sc_traceMain
 * 機能      : コース走行タスクのメイン関数
 * 引数      : なし
 * 戻り値    : なし
 * 備考      : 20ミリ秒周期
 ************************************************************/
void sc_traceMain(void)
{
    tr_run();
    return;
}
```

光センサ値の取得

　Sensor.hをインクルードして、ss_getLightValue関数を呼び出すことで、光センサ値を取得できます。濃度のしきい値も、Sensor.hで指定されています。

● コード例2　光センサ値の取得インタフェース

```
/************************************************************
 * ファイル名 : Sensor.h
 * 責務      : 光センサドライバ
 * 作成日    : 2016.01.18
 * 作成者    : Hard-san
 ************************************************************/
#ifndef SENSOR_H
#define SENSOR_H

/************************************************************
 * 定数
 ************************************************************/
#define WHITE_THRESHOLD        580    /* 白の上限値 */
#define LIGHTGRAY_THRESHOLD    605    /* 淡い灰色の上限値 */
#define GRAY_THRESHOLD         645    /* 灰色の上限値 */
#define DARKGRAY_THRESHOLD     670    /* 濃い灰色の上限値 */
                                      /* 黒の下限値 */
```

```
/**********************************************************
 * extern関数宣言
 **********************************************************/
extern unsigned int ss_getLightValue(void);

#endif /* SENSOR_H */
```

左右車輪の制御

　Motor.hをインクルードすることで、左右車輪へのパラメータ設定と駆動指示の関数を呼び出すことができます。
　mt_drvMotor関数の引数に、前後左右の情報を与えることで、進行方向を指定します。

● コード例3　左右車輪の制御インタフェース

```
/**********************************************************
 * ファイル名 : Motor.h
 * 責務       : 直立走行するドライバ
 * 作成日     : 2016.01.18
 * 作成者     : Hard-san
 **********************************************************/
#ifndef MOTOR_H
#define MOTOR_H

/**********************************************************
 * 型
 **********************************************************/
/* 前後方向 */
typedef enum {
    eSTOP,              /* その場 */
    eFRONT,             /* 前方向 */
    eBACK               /* 後方向 */
} FrontBack_t;

typedef enum {
    eNO_TURN,           /* 直進   */
    eLEFT_TURN,         /* 左方向 */
    eRIGHT_TURN         /* 右方向 */
} LeftRight_t;
```

```
typedef struct {
    FrontBack_t         front_back;
    LeftRight_t         left_right;
} mt_direction_t;

/*********************************************************
 * extern関数宣言
 *********************************************************/
extern void    mt_drvMotor(mt_direction_t);

#endif /* MOTOR_H */
```

2.3　main関数

　まずは、動作の起点となるmain関数から見ていきましょう。ファイル名から推察すると、main関数は、おそらくプラットフォーム部（SysBootフォルダ）中のSysCtrl.cに入っているのではないかと予測できます。

　コード例1を読んでみると、SysCtrl.cの中に、コース走行タスクのmain関数であるsc_traceMain関数が見つかります。

　なお、初期化関数と終了関数については、後で説明しますので、ここでは省略します。

● コード例4　SysCtrl.h

```
/*********************************************************
 * ファイル名 ： SysCtrl.h
 * 責務       ： システム全体に関する処理
 * 作成日     ： 2016.01.18
 * 作成者     ： System-san
 *********************************************************/
#ifndef SYSCONTROL_H
#define SYSCONTROL_H
```

```
/***********************************************************
 * extern関数宣言
 ***********************************************************/
extern void sc_traceMain(void);
extern void sc_endDiag(void);

#endif /* SYSCONTROL_H */
```

● コード例5　SysCtrl.c

```
/***********************************************************
 * ファイル名 : SysCtrl.c [sc]
 * 責務       : システム全体に関する処理
 * 作成日     : 2016.01.18
 * 作成者     : System-san
 ***********************************************************/
/*** 利用ファイルのヘッダ ***/
#include "../RoboApp/Trace.h"
#include "../DrvApi/Sensor.h"
#include "../DrvApi/Motor.h"
#include "../InputCtrl/Course.h"
/*** 自ファイルのヘッダ ***************************************/
#include "SysCtrl.h"

/*** 公開関数 **********************************************/

    (中略)

/***********************************************************
 * 関数名 : sc_traceMain
 * 機能   : コース走行タスクのメイン関数
 * 引数   : なし
 * 戻り値 : なし
 * 備考   : 20ミリ秒周期
 ***********************************************************/
void sc_traceMain(void)
{
    tr_run();
    return;
}

    (以下略)
```

文法解説 ① 実装ファイルとヘッダファイル

C言語のプログラミングでは、.cファイルのことを**実装ファイル**、.hファイルのことを**ヘッダファイル**と呼びます。実装ファイルでは文字通り変数や関数の具体的な実装を記述します。これに対してヘッダファイルの役割は、利用者に対して、外から使用できる変数や関数を「教える(示す)」ことにあります。

ここで挙げた例でも、sc_traceMain関数の中身は実装ファイルSysCtrl.cで記述してあります。これに対してヘッダファイルSysCtrl.hでは関数の宣言を記述して、他のファイルに「sc_traceMain関数を使うことができます」と教えて(示して)います。

文法解説 ② 関数定義と関数呼び出し

C言語の関数は、計算方法などの詳細を隠蔽し、どう実装されているかを気にすることなく使えるようにするための便利な方法です。よく設計された関数は、HOWを無視してWHATさえ知っていれば十分使えます。

関数を実装する場合、実装ファイルに関数の定義を記述します。関数の定義には、関数の型、関数名、引数の型と名前、そして、関数の本体、すなわち内部ロジックを記述します。また、内部ロジックの中で他の関数を呼び出すこともできます。

```
型　関数名(引数の型と名前(複数可))
{
        関数の本体(内部ロジック)
}
```

関数は、呼び出されると、関数の本体の先頭から実行されます。関数は、return文、または関数の最後の実行文が実行されると終了し、呼び出し元に処理が戻ります。

コード例5には、sc_traceMain関数の定義が記述されています。sc_traceMain関数はvoid型です。sc_traceMain関数は引数をとりません。()

内のvoidは引数をとらないことを表しています。sc_traceMain関数は、呼び出されて実行が始まるとtr_run関数を呼び出します。tr_run関数の処理が終了するとreturn文を実行して終了します。

文法解説 ❸ 関数のextern宣言

　他のファイルから呼び出すことのできる関数を実装したら、ヘッダファイルでexternを付けて関数の宣言を記述します。関数の宣言は、関数の本体を含まない「インタフェース」、言い換えると「呼び方」だけの記述となります。先頭にexternを付けて宣言された関数は、どのファイルの関数からも呼び出すことができます。

　先頭にexternを付けて宣言された関数のヘッダファイルは、以下の2通りのファイルからインクルードします。

①その関数を実装しているファイル
②その関数を呼び出す関数を実装しているファイル

　①は一種の作法ですが、必ず行いましょう。こうすることによって、関数定義とextern宣言とが、同じ型、同じ引数の数と型になることを自動的にチェックできるからです。一致していないと、コンパイラが警告かエラーを出力します。コード例4のヘッダファイルSysCtrl.hでは、sc_traceMain関数をextern宣言しています。コード例5の実装ファイルSysCtrl.cでは、自身と同じ名前のヘッダファイルSysCtrl.hをインクルードしています。こうすることで、sc_traceMainの関数定義とextern宣言とが一致していることを自動的に確認できます（なお、この例のペアをコンパイルしてもコンパイラは警告を出力しません。関数の定義とextern宣言とが一致しているからです）。

　②は必須です。インクルードしないまま、外部の関数を呼び出すプログラムを実装してコンパイルすると、「知らない関数を呼び出している」と判断され警告が出力されます。

文法解説 ④ #include や #define は「置き換えられる」

#include"ファイル名"、もしくは #include＜ファイル名＞という文は、該当ファイルの内容と置き換えられた上でコンパイルされます。たとえば、SysCtrl.c の中にある #include "SysCtrl.h" の1行は、コンパイル前にそっくりそのまま SysCtrl.h の内容に置き換えられるのです。

この動作を行っているのがプリプロセッサです。プリプロセッサはコンパイル前の前処理プログラムです。現在のほとんどのコンパイラは、プリプロセッサを起動して前処理を行った後、コンパイルを行います。#include や #define はプリプロセッサーステートメントと呼ばれ、プリプロセッサによって「置き換え処理」されるというわけです。

2.4 main関数から呼び出されている関数

前節で確認した sc_traceMain 関数の中で呼び出されている tr_run 関数は、初期化時（自己診断処理中）と通常走行時の振り分けをしており、その中で呼び出されている tr_traceCourse 関数が、実質的な処理の起点、すなわちアプリケーションの main 関数とみなすことができます。tr_traceCourse 関数は、「cs_detectDifference 関数」、「nv_naviCourse 関数」、「dr_move 関数」という3つの関数を呼び出しています。

● コード例6　Trace.h

```
/***********************************************
 * ファイル名  : Trace.h
 * 責務        : コースを走行する
 * 作成日      : 2016.01.18
 * 作成者      : Kouzou-san
 ***********************************************/
#ifndef TRACE_H
#define TRACE_H
```

```
/***********************************************************
 * extern関数宣言
 ***********************************************************/
extern void     tr_run(void);

#endif /* TRACE_H */
```

● コード例7　Trace.c

```
/***********************************************************
 * ファイル名 : Trace.c [tr]
 * 責務       : コースを走行する
 * 作成日     : 2016.01.18
 * 作成者     : Kouzou-san
 ***********************************************************/
/*** 利用ファイルのヘッダ ***/
#include "../InputCtrl/Course.h"
#include "../OutputCtrl/Drive.h"
#include "../NaviCtrl/Navi.h"

/*** 自ファイルのヘッダ ***/
#include "Trace.h"
    （中略）
/***********************************************************
 * 変数
 ***********************************************************/
static robotState_t    current_state;

/*** 公開関数 *********************************************/
/***********************************************************
 * 関数名 : tr_run
 * 機能   : ロボットを駆動する（自己診断後、コースを走行する）
 * 引数   : なし
 * 戻り値 : なし
 * 備考   : 20msec毎に起動される
 ***********************************************************/
void tr_run(void)
{
    switch (current_state) {
    case eDiagnosis:          /* 自己診断中 */
        /* 何もしない */
```

2.4 ● main関数から呼び出されている関数

```
        break;
    case eRunning:              /* 走行中 */
        /* 走行する */
        tr_traceCourse();
        break;
    default:
        /* 何もしない */
        break;
    }
    return;
}

/*** 非公開関数 *****************************************/
/*************************************************************
 * 関数名  : tr_traceCourse
 * 機能    : コースをトレースしながら走行する
 * 引数    : なし
 * 戻り値  : なし
 * 備考    :
 *************************************************************/
static void tr_traceCourse(void)
{
    diffCourse_t        diff;      /* コースとのズレ */
    directionVector_t   drct;      /* 進行方向 */

    diff = cs_detectDifference();  /* ズレを検出する */
    drct = nv_naviCourse(diff);    /* 進行方向を決める */
    dr_move(drct);                 /* 進行方向に進む */

    return;
}
```

　tr_traceCourse関数は、まずcs_detectDifference関数を呼び出しています。cs_detectDifference関数からはdiffが返ってきて、そのdiffを引数としてnv_naviCourse関数を呼び出しています。そして、その返り値であるdrctを引数としてdr_move関数を呼び出しています。この3行を見ると、コースのズレを検知して(入力モジュール)、コースをナビゲートして(演算モジュール)、ドライブしている(出力モジュール)のであろう、という大きな動きが推測できます。

次節では、それぞれの3つの関数が何をしているのかを見てみましょう。

文法解説 5 変数の型

変数は、記憶領域上に割り付けられるデータオブジェクトで、プログラムの最も基本的な構成要素のひとつです。データを処理するときには、変数を使用します。

変数は型を持っています。型は、サイズや構造などのデータの属性を表します。C言語では、次のようにいくつかの型が用意されています。

● 表2.1　C言語の基本となる型

型	内　容
char	文字型（character）。8ビット幅
int	整数型（integer）。通常、処理系の標準の大きさとなる
float	単精度浮動小数点数
double	倍精度浮動小数点数

また、文字型や整数型では、符号付きと符号なしを指定することができます。これらはそれぞれ修飾子 **signed** と **unsigned** を用いて指定します。たとえば、次のように記述すると、aは符号なし整数となります。

```
unsigned int a;
```

● 表2.2　C言語の修飾子

修飾子（qualifier）	内　容
signed	符号付き。通常、最上位ビットが符号ビットとして使用される
unsigned	符号なし。常に0以上の値をとる

開発者が型を定義することもできます。コード例7で定義されているtr_traceCourse関数では、diffCourse_t型とdirectionVector_t型という、開発者によって定義された2種類の型が使用されています。この型定義はそれぞれCourse.h、Navi.hで行われています。型を定義する方法については、

後ほど解説します。

文法解説 ⑥ 変数の定義と宣言

　定義とは、変数や定数を実際の記憶領域上に生成する宣言文です。変数を用いるためには定義が必ず必要です。コード例7では、

```
diff = cs_detectDifference();
```

という代入文の前に、

```
    diffCourse_t           diff;
```

という定義文が存在します。この定義文がなければコンパイルエラーとなります。

　なお、変数の定義と宣言は少しだけ意味が異なります。変数の宣言は、変数や定数(や関数)の型や性質を定め、知らしめるためのものです。変数の宣言のうち、記憶領域を確保するものだけが定義と呼ばれます。

文法解説 ⑦ 変数のスコープ

　関数定義の{ }の中で変数を宣言すると、その変数の名前は宣言された関数の{ }の間だけで有効です。このような有効期間のことを「**スコープ**」と呼びます。

　たとえば、コード例7で定義されているdiffとdrctという名前はtr_traceCourse関数内だけで有効です。他の関数でdiffやdrctという名前を使っていたとしても、ここで定義された変数とは別物になります。このような変数を「内部変数」と呼びます。内部変数の場合、1つの「型名　変数名；」の文が、定義と宣言の両方の役割を果たします。

　また、{ }の外側で定義されている変数を「外部変数」と呼びます。外部変数のスコープは修飾子によって2通りに変化します。static修飾子付きで定義されている外部変数は、定義されているファイル内でだけ有効となります。

static修飾子なしで定義されている外部変数は、すべてのファイルで有効です。たとえば、Trace.c内で定義されている、current_stateはstatic付きで定義されていますから、スコープはTrace.c内だけとなります。

2.5 入力モジュール

tr_traceCourse関数内で呼び出されている3つの関数のうち、最初に呼び出されているcs_detectDifference関数は入力モジュールです。

● コード例8　Course.h

```c
/***********************************************
 * ファイル名 : Course.h
 * 責務       : コースの状態を確定する
 * 作成日     : 2016.01.18
 * 作成者     : Kouzou-san
 ***********************************************/
#ifndef COURSE_H
#define COURSE_H

/***********************************************
 * 型
 ***********************************************/
/* コースとのズレ */
typedef enum {
    eNoDiff,        /* ズレていない */
    eDiffLeft,      /* 左にズレている */
    eDiffRight,     /* 右にズレている */
} diffCourse_t;

/***********************************************
 * extern関数宣言
 ***********************************************/
extern void            cs_init(void);
extern void            cs_term(void);
extern diffCourse_t    cs_detectDifference(void);

#endif /* COURSE_H */
```

● コード例9　Course.c

```
/***********************************************************
 * ファイル名 ： Course.c [cs]
 * 責務      ： コースの状態を確定する
 * 作成日    ： 2016.01.18
 * 作成者    ： Kouzou-san
 ***********************************************************/
/*** 利用ファイルのヘッダ ***/
#include "Road.h"
/*** 自ファイルのヘッダ ***/
#include "Course.h"
  (中略)
/***********************************************************
 * 関数名 ： cs_detectDifference
 * 機能   ： 走行すべき位置からのズレを返す
 * 引数   ： なし
 * 戻り値 ： ズレ
 * 備考   ：
 ***********************************************************/
diffCourse_t cs_detectDifference(void)
{
    roadColor_t     color;
    diffCourse_t    diff;

    color = rd_getRoadColor();

    switch (color) {
    case eWhite:
        diff = eDiffRight;
        break;
    case eLightGray:
        diff = eDiffRight;
        break;
    case eGray:
        diff = eNoDiff;
        break;
    case eDarkGray:
        diff = eDiffLeft;
        break;
    case eBlack:
        diff = eDiffLeft;
        break;
```

```
    default:            /* other */
        diff = eDiffLeft;
        break;
    }

    return diff;
}
```

文法解説 ⑧ enum定義

　Course.hでは、diffCourse_t型が、**enum**の機構を用いて定義されています。Course.hのように定義すると、diffCourse_t型の変数であるdiffは、値としてeNoDiff（ズレていない）、eDiffLeft（左にズレている）、eDiffRight（右にズレている）の3通りの値以外の値を代入しようとすると、コンパイラが警告を出します。変数diffはこの3通り以外の値をとるべきではないので、これは予防的な良い制限となります。以下、この文法と使い方について解説していきます。

　もともとenumは、名前付定数のグループを定義するための機構です。たとえば「選択肢」、「状態」、「分類」などを定数として定義する際に用います。以下の例では、新横浜を1として、浜松に2、ミュンヘンに3が、自動的に割り当てられます。

```
enum destination{
    DESTINATION_SHIN_YOKOHAMA = 1,    /* 行き先1 新横浜 */
    DESTINATION_HAMAMATSU,            /* 行き先2 浜松 */
    DESTINATION_MUNICH,               /* 行き先3 ミュンヘン */
};
```

　enumで定義した定数を、int型の変数に代入して管理することも可能なのですが、これには1つ問題があります。一般に、「選択肢」や「状態」は、定義していない値をとってはなりません。定義していない値を用いられると、意味がわからなくなるからです。しかし、int型の変数だと、定義された値以外の値も簡単に代入できてしまいます。上記の例でいえば、数値10

とか100のような、定義されていない数値を代入されて、結局行き先がどこなのかわからなくなる、という事態が発生します。

そこで、C言語では、**typedef**を用いて、enumで定義された値だけを代入することのできる新しい型を定義することができます。以下の例では、新横浜、浜松、ミュンヘンだけをとることのできる新しい型destination_tを定義しています。

```
typedef enum {
    DESTINATION_SHIN_YOKOHAMA = 1,    /* 行き先1 新横浜 */
    DESTINATION_HAMAMATSU,            /* 行き先2 浜松 */
    DESTINATION_MUNICH,               /* 行き先3 ミュンヘン */
} destination_t;
```

このように、enumを用いて新しい型を定義することで、「選択肢」「状態」「分類」などの情報が意図せぬ値になってしまうことを防ぐことができます。

2.6 センサ値を読んでいるモジュール

ラインズレを検知するcs_detectDifference関数の中では、今走っている場所の色を検知する**rd_getRoadColor関数**を呼び出しています。この関数は、ファイルRoad.cの中で実装され、Road.hの中で公開関数として宣言されています。関数の中身を見ると、センサの値を元に、路面の色をeWhite（白）、eLightGray（明るい灰色）、eGray（灰色）、eDarkGray（暗い灰色）、eBlack（黒）のいずれかに分類して、その結果を返していることがわかります。

● コード例10　Road.h

```
/***********************************************
 * ファイル名 : Road.h
 * 責務      : 路面の色を確定する
 * 作成日    : 2016.01.18
 * 作成者    : Kouzou-san
 ***********************************************/
#ifndef ROAD_H
#define ROAD_H

/***********************************************
 * 型
 ***********************************************/
/* 路面の色 */
typedef enum {
    eWhite,        /* 白 */
    eLightGray,    /* 明るい灰色 */
    eGray,         /* 灰色 */
    eDarkGray,     /* 暗い灰色 */
    eBlack         /* 黒 */
} roadColor_t;

/***********************************************
 * extern関数宣言
 ***********************************************/
extern roadColor_t    rd_getRoadColor(void);

#endif /* ROAD_H */
```

● コード例11　Road.c

```
/***********************************************
 * ファイル名 : Road.c [rd]
 * 責務      : 路面の色を確定する
 * 作成日    : 2016.01.18
 * 作成者    : Kouzou-san
 ***********************************************/
/*** システムヘッダ ***/
#include "../DrvApi/Sensor.h"

/*** 自ファイルのヘッダ ***/
#include "Road.h"
```

```
/*** 公開関数 *******************************************/
/***********************************************************
 * 関数名  : rd_getRoadColor
 * 機能    : 路面の色を返す
 * 引数    : なし
 * 戻り値  : 路面の色
 * 備考    :
 ***********************************************************/
roadColor_t rd_getRoadColor(void)
{
    unsigned int    light;
    roadColor_t     roadColor;

    light = ss_getLightValue();
    if (light < WHITE_THRESHOLD){
        roadColor = eWhite;
    } else if (light < LIGHTGRAY_THRESHOLD){
        roadColor = eLightGray;
    } else if (light < GRAY_THRESHOLD){
        roadColor = eGray;
    } else if (light < DARKGRAY_THRESHOLD){
        roadColor = eDarkGray;
    } else {
        roadColor = eBlack;
    }
    return roadColor;
}
```

　さらに、rd_getRoadColor関数は、センサライブラリであるss_getLightValue関数を呼び出しています。この中に、ハードウェア依存部が隠蔽されています。

文法解説 ❾ include ガード

ここまでSysCtrl.h、Course.h、Road.hなどいくつかのヘッダを見てきましたが、そのいずれも、

```
/*********************************************
 * ファイル名 : SysCtrl.h
 *********************************************/
#ifndef SYSCONTROL_H
#define SYSCONTROL_H

#endif /* SYSCONTROL_H */
```

のように、ヘッダの本体が「#ifndef ヘッダファイル名（大文字）」、「#define ヘッダファイル名（大文字）」と「#endif」で囲まれていることに気づいたでしょうか？

これは、「includeガード」というテクニックです。前述の通り、#includeの箇所は「置き換え」がされます。大規模なソフトウェア開発においては通常、ヘッダがさらに他のヘッダをインクルードしており、場合によっては何度も何度も「置き換え」が発生してしまう場合があります。この現象を#ifndefを用いて防ぐのがこのテクニックです。

これは、ヘッダを作成する際には必ず行いましょう。今ではほとんどの開発組織で、includeガードはコーディングルールとして定義されていると思います。

2.7 演算モジュール

tr_traceCourse関数内で呼び出されている3つの関数のうち、2番目に呼び出されている **nv_naviCourse関数**は演算モジュールです。

● コード例12　Navi.h

```
/************************************************************
 * ファイル名 : Navi.h [nv]
 * 責務      : 走行をナビゲートする
 * 作成日    : 2016.01.18
 * 作成者    : Kouzou-san
 ************************************************************/
#ifndef NAVI_H
#define NAVI_H

/************************************************************
 * extern関数宣言
 ************************************************************/
extern directionVector_t nv_naviCourse(diffCourse_t);

#endif /* NAVI_H */
```

● コード例13　Navi.c

```
/************************************************************
 * ファイル名 : Navi.c [nv]
 * 責務      : 走行をナビゲートする
 * 作成日    : 2016.01.18
 * 作成者    : Kouzou-san
 ************************************************************/
/*** 利用ファイルのヘッダ ***/
#include "../InputCtrl/Course.h"
#include "../OutputCtrl/Drive.h"
/*** 自ファイルのヘッダ ***/
#include "Navi.h"

/*** 公開関数 ***************************************************/
```

```c
/***********************************************
 * 関数名 : nv_naviCourse
 * 機能   : コースをナビゲートする
 * 引数   : ラインズレ
 * 戻り値 : 方向指示
 * 備考   :
 ***********************************************/
directionVector_t nv_naviCourse(diffCourse_t diff)
{
    directionVector_t    navi;

    /* 前後方向は常に「前進」 */
    navi.forward = eMoveForward;

    /* 左右のブレの補正 */
    switch (diff) {
    case eNoDiff:
        navi.turn = eStraight;
        break;
    case eDiffRight:
        navi.turn = eTurnLeft;
        break;
    case eDiffLeft:
        navi.turn = eTurnRight;
        break;
    default:
        navi.turn = eStraight;
        break;
    }

    return navi;
}
```

2.8 出力モジュール

　tr_traceCourse関数内で呼び出されている3つの関数のうち、3番目に呼び出されている**dr_move関数**は出力モジュールです。

● コード例 14　Drive.h

```c
/************************************************************
 * ファイル名 : Drive.h
 * 責務      : ロボットを走行させる
 * 作成日    : 2016.01.18
 * 作成者    : Kouzou-san
 ************************************************************/
#ifndef DRIVE_H
#define DRIVE_H

/************************************************************
 * 型
 ************************************************************/
/* 前後方向 */
typedef enum {
    eStopForward,            /* その場 */
    eMoveForward,            /* 前方向 */
} directionForward_t;
/* 左右方向 */
typedef enum {
    eTurnLeft,               /* 左方向 */
    eStraight,               /* 直進方向 */
    eTurnRight,              /* 右方向 */
} directionTurn_t;

typedef struct {
    directionForward_t    forward;
    directionTurn_t       turn;
} directionVector_t;

/************************************************************
 * extern関数宣言
 ************************************************************/
extern void    dr_move(directionVector_t);

#endif /* DRIVE_H */
```

● コード例15　Drive.c

```c
/***********************************************************
 * ファイル名 : Drive.c [dr]
 * 責務      : ロボットを走行させる
 * 作成日    : 2016.01.18
 * 作成者    : Kouzou-san
 ***********************************************************/
/*** 利用ファイルのヘッダ ***/
#include "../DrvApi/Motor.h"
/*** 自ファイルのヘッダ ***/
#include "Drive.h"


/***********************************************************
 * 変数
 ***********************************************************/
/* 前回進行方向 */
static directionVector_t lastDirection;
/***********************************************************
 * 関数プロトタイプ宣言
 ***********************************************************/
static FrontBack_t dr_cvtFrontBack(directionForward_t);
static LeftRight_t dr_cvtLeftRight(directionTurn_t);
/*** 公開関数 **********************************************/
/***********************************************************
 * 関数名 : dr_move
 * 機能   : 前進／後進、旋回の方向を設定する
 * 引数   : 前進／後進の方向、旋回の方向
 * 戻り値 : なし
 * 備考   :
 ***********************************************************/
void dr_move(directionVector_t direct)
{
    mt_direction_t motor;      /* モータの駆動方向 */

    if ((direct.forward != lastDirection.forward)
        || (direct.turn != lastDirection.turn)) {
        /* 前後方向もしくは左右方向が変化したときにモータを駆動 */

        /* 前後方向値を変換する */
        motor.front_back = dr_cvtFrontBack(direct.forward);

        /* 左右方向値を変換する */
        motor.left_right = dr_cvtLeftRight(direct.turn);
```

```
        lastDirection = direct;
        /* モータを駆動する */
        mt_drvMotor(motor);
    }

    return;
}

/*************************************************************
 * 関数名   : dr_cvtFrontBack
 * 機能     : 前後方向値をモータAPI値に変換する
 * 引数     : 前進/後進の方向、旋回の方向
 * 戻り値   : 前後方向
 * 備考     :
 *************************************************************/
static FrontBack_t dr_cvtFrontBack(directionForward_t forward) {

    FrontBack_t front_back;          /* 前後方向 */

    switch (forward) {
    case eStopForward:
        front_back = eSTOP;
        break;
    case eForward:
        front_back = eFRONT;
        break;
    default:
        /* 停止させる */
        front_back = eSTOP;
        break;
    }
    return front_back;
}

/*************************************************************
 * 関数名   : dr_cvtLeftRight
 * 機能     : 左右方向値をモータAPI値に変換する
 * 引数     : 旋回の方向
 * 戻り値   : 左右方向
 * 備考     :
 *************************************************************/
static LeftRight_t dr_cvtLeftRight(directionTurn_t turn) {

    LeftRight_t left_right;          /* 左右方向 */
```

```
    switch (turn) {
    case eLeft:
        left_right = eLEFT_TURN;
        break;
    case eStraight:
        left_right = eNO_TURN;
        break;
    case eRight:
        left_right = eRIGHT_TURN;
        break;
    default:
        /* 左右方向なし */
        left_right = eNO_TURN;
        break;
    }
    return left_right;
}
```

文法解説 ⑩ if文とswitch文

　if文とswitch文は、C言語の代表的な分岐の実装方法です。分岐は、状況に応じて実行する処理を選ぶために用いられます。「～の場合には～する」「～の場合には～しない」といった、場合分けの仕様を実現するためには不可欠な構文です。

　if文は、分岐を決める条件文の結果が「Yes or No」(True or False)で表せる場合に用いることができます。

　一方、switch-case文は、分岐の中でも1個の変数から複数処理に振り分ける処理を簡単に記述することができます。たとえば、Course.c中のcs_detectDifference関数におけるswitch-case文では、変数colorの値を元に、それがeWhite（白）、eLightGray（明るい灰色）、eGray（灰色）、eDarkGray（暗い灰色）、eBlack（黒）のいずれであるかによって処理を分類し、そのどれでもない場合はdefaultで始まる文を実行するようにプログラミングされていますが、これがすっきりと実装できているのがわかります。

文法解説 11 構造体

Drive.hでは、directionVector_t型が構造体の機構を使って定義されています。構造体は、データが複数のメンバで構成されているときに使います。まず、次の記述、型の定義について説明します。

```
typedef struct {
    directionForward_t      forward;
    directionTurn_t         turn;
} directionVector_t;
```

directionVector_t型は、forwardとturnの2つのメンバで構成されています。メンバforwardはdirectionForward_t型で、メンバturnはdirectionTurn_t型です。

たとえばDrive.hで宣言されているdr_move関数には、directionVector_t型の引数directが引数として渡されています。

```
extern void dr_move(directionVector_t);
```

次に、この型の使い方を説明します。

Drive.cでは、directionVector_t型を使って変数lastDirectionを宣言しています。

```
static directionVector_t lastDirection;
```

変数lastDirectionの各メンバにアクセスするにはドット演算子「.(ピリオド)」を使います。この演算子を使って、構造体をメンバ単位で処理することができます。ここでは、Drive.cで使用されている初期化dr_init関数でのlastDirectionの代入の記述を見てください。

```
void dr_init(void)
{
    lastDirection.forward = eStopForward;
    lastDirection.turn = eStraight;
    return;
}
```

　lastDirection.forward は directionForward_t 型なので eStopForward、eMoveForward のいずれかの値を取ります。同様に lastDirection.turn は eTurnLeft、eStraight、eTurnRight のいずれかの値を取ります。

　dr_init ではそれぞれに eStopForward（その場）、eStraight（直進）を代入して初期設定しています。

2.9　どこが良いのか？

　前章までで、実際のソースコードをざっと見てきました。ここからは、ソースコードのどこが良いのかを、順に見ていきましょう。

2.9.1　ファイル名と変数名からファイルの責務が見えてくる

　ファイル名、変数名を見ることで、そのファイルが何をしているのかがわかります。たとえば、Trace.c および変数 current_state からは、このファイルが「ライン走行ロボット」の動作モード全体をつかさどっていることが想像できます。この事例では、入力モジュール、演算モジュール、出力モジュールを含む Course.h と Course.c、Navi.h と Navi.c、Drive.h と Drive.c も、ファイル名がそれぞれ WHAT の名称なのでわかりやすくなっています。

　なお、何をしているのかが想像だけでなく、他の想像できないことはやっていないという観点も併せて重要です。理想は、各ファイルが「**ファイル名、変数名から想像できる通りの単一責務**」を果たしていることです。

2.9.2 ファイルヘッダで関数インタフェースを公開している

ヘッダファイルを見ると、そのファイルで公開している関数がextern宣言で挙げられています。これは、ヘッダファイルで公開インタフェースを定義しているということです。また、関数ヘッダとして、関数名、役割、引数、戻り値、備考がまとめて書いてあります。すなわち、関数のインタフェースがヘッダで定義されています。

グローバル変数やハードウェア制御が関数内部に存在する場合は「備考」にその旨を書いておきましょう。関数の副作用となるからです。

2.9.3 変数がカプセル化されている

他のファイルに公開する必要のない変数がstatic宣言されており、隠蔽されているのも良い点です。static宣言すると、それが入っているファイル内の関数からしかアクセスできなくなり、結果として不要なアクセスのリスクをなくすことができます。その変数や関数に他のファイルからアクセスするとコンパイルエラーになってしまうからです。

同時に、static宣言は、そのファイルの利用者に対して「この変数のことは気にしなくても良い」と教える効果を持ちます。つまり、ソースコードの読み手が気にする範囲が狭くなり、結果としてファイルの理解容易性を高めるのです。

2.9.4 状態や状況が「漏れなく」分類・定義されている

Road.hの中では、路面の色の濃淡を軸としてeWhite（白）、eLightGray（明るい灰色）、eGray（灰色）、eDarkGray（暗い灰色）、eBlack（黒）のように、明るさに応じて段階的に「漏れなく」分類しています。Road.cの中のrd_getRoadColor関数の中では、センサ値がどのような値になっても、必ずこの5つの分類のいずれかに当てはめるよう、漏れのない処理が行われています。

このように「選択肢」「状態」「分類」を漏れのないように定義し、処理することは、システムを安定動作させるための基盤となる、とても重要なことです。本書の後のほうで出てくるenumを用いた「状態」の定義でも同様で、「そのシステム／ソフトウェアが取りうる状態を漏れなく挙げられていること」が最も重要になります。皆さんも「選択肢」「状態」「分類」を定義する際には、「漏れなく」定義できているかどうかを確実に確認しましょう。

2.9.5 関数の行数が短く簡潔である

1つの関数が画面スクロールしなくても見渡せます。スクロールしなくて全体が見えることで、目視による不具合の検出が容易になります。単体テストのテストケースの数も少なくて済み、関数の品質が格段に上がります。

2.9.6 関数の名前から機能がわかる

もうひとつは、関数名のわかりやすさです。C言語の関数では、名前によってその機能をひとことで示す必要があり、そのために「動詞」もしくは「動詞と目的語の組み合わせ」によって関数を命名します。たとえば、「cs_detectDifference関数」（コースとのズレを検知する）は、動詞と目的語の組み合わせで、簡潔にその機能が示されています。

2.9.7 利用される変数だけ渡している

各関数に渡される変数は、必ずその関数の内部で利用されています。言い換えると、必要な変数のみ渡し、不要な変数を渡していないのが良い点です。

2.9.8 利用するヘッダファイルだけインクルードしている

実装ファイル（.cファイル）に記載されているインクルードは、その実装ファイルがどの外部部品を利用しているかの情報そのものです。数千行や数万行の規模になると、構造をつかむためにこの情報がとても重要になります。この例では、利用するヘッダファイルだけインクルードしており、追いか

ける範囲を限定できますので、構造を把握する労力が少なくて済みます。また、インクルードの数が少ないことも良い点です。ライン走行ロボットのソースコードの例では、いずれの実装ファイルの#include文も7個以内であり、関係するファイルが限定できています。

2.9.9 深くまで追わなくても動きを予測できる

tr_trace関数というトップ関数からは、3つの関数だけが呼び出されています。その関数名であるcs_detectDifference関数、nv_naviCourse関数、dr_move関数の3つを見れば、コースのズレを検知して、コースをナビゲートしてドライブする、だから全体としてコースに沿って走行できるのであろう、という大きな動きを予測できます。

このように、ある関数のソースコードを読んだときに、その関数と、呼び出している関数だけを見るだけで、何をしているのか予測できる関数は、理解しやすい良い関数です。

Chapter 3 良い設計図を見る

良いソースコードはその構造も良いものです。本章では、第2章で見たソースコードから設計図を作成します。C言語は手続き型言語なので、どうしても処理の流れを追いかけることが多くなってしまいがちです。処理の流れを追いかけるのではなく、構造的に見ることが設計への第一歩です。構造的に見て、設計の良さを確認してみましょう。

3.1 ソースコードを構造的に見る

これから作る設計図は、**モジュール構造図**というものです。モジュール構造図はモジュール間の呼び出し関係と、その入出力が一目でわかる図です。この図を見るだけで、モジュール構造の設計の良し悪しがわかります。さて、設計の良し悪しを解説する前に、まずはソースコードから、モジュール構造図を作っていきましょう。

まず、ソースコードから関数の呼び出し関係を抽出します。拡張子が.cのソースファイルの中の関数を順番に見ていって、関数を呼び出しているところをチェックします。具体的にやっていきましょう。

Trace.cのファイルを見てください。次ページにコード例7として再掲しています。tr_run関数が全体を制御しているトップモジュールです。tr_run関数は、初期化時（自己診断処理中）と通常走行時の振り分けをしており、その中で呼び出されているtr_traceCourse関数が、実質的な処理の起点、すなわちアプリケーションのmain関数でした。tr_traceCourse関数からは3つの関数が順番に呼ばれています。それぞれcs_detectDifference関数、nv_naviCourse関数、dr_move関数です。この呼び出し関係から構造図を描くと、図3.1のようになります。

● Chapter2 のコード例 7　Trace.c

```c
/***********************************************************
 * ファイル名 : Trace.c [tr]
 * 責務      : コースを走行する
 * 作成日    : 2016.01.18
 * 作成者    : Kouzou-san
 ***********************************************************/
/*** 利用ファイルのヘッダ ***/
#include "../InputCtrl/Course.h"
#include "../OutputCtrl/Drive.h"
#include "../NaviCtrl/Navi.h"

/*** 自ファイルのヘッダ ***/
#include "Trace.h"
    (中略)
/***********************************************************
 * 変数
 ***********************************************************/
static robotState_t    current_state;

/*** 公開関数 ********************************************/
/***********************************************************
 * 関数名 : tr_run
 * 機能   : ロボットを駆動する(自己診断後、コースを走行)
 * 引数   : なし
 * 戻り値 : なし
 * 備考   : 20msec毎に起動される
 ***********************************************************/
void tr_run(void)
{
    switch (current_state) {
    case eDiagnosis:/* 自己診断中 */
        /* 何もしない */
        break;
    case eRunning:/* 走行中 */
        /* 走行する */
        tr_traceCourse();
        break;
    default:
        /* 何もしない */
        break;
    }
    return;
}
```

```
/*** 非公開関数 *****************************************/
/***********************************************************
 *  関数名  : tr_traceCourse
 *  機能   : コースをトレースしながら走行する
 *  引数   : なし
 *  戻り値  : なし
 *  備考   :
 ***********************************************************/
static void tr_traceCourse(void)
{
    diffCourse_t        diff;    /* コースとのズレ */
    directionVector_t   drct;    /* 進行方向 */

    diff = cs_detectDifference();     /* ズレを検出する */
    drct = nv_naviCourse(diff);       /* 進行方向を決める */
    dr_move(drct);                    /* 進行方向に進む */

    return;
}
```

● **図 3.1　tr_traceCourse 関数の関数呼び出し関係**

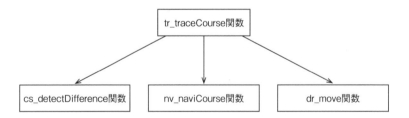

　このように関数名が書かれている箱が4つあります。この1つ1つの箱が関数を表しています。その呼び出し関係は矢印で表されています。3つの矢印は、tr_traceCourse関数がそれ以外の3つの関数を呼び出していることを意味しています。呼び出されている関数の箱は、呼び出し順に左から書いていくようにします。再び第2章コード例7のソースコードに目を向けると、tr_traceCourse関数からは関数の呼び出し関係以外に、引数や戻り値の情報も読み取れます。この情報を図に足していくと、図3.2のようになります。

● 図3.2　tr_traceCourse関数の関数呼び出し関係に引数・戻り値の情報を追加

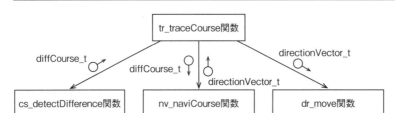

　cs_detectDifference関数（図3.2では左下の箱）は、ソースコードではdiffCourse_t型の変数diffに戻り値を格納していることがわかります。このとき、「cs_detectDifference関数はdiffCourse_t型のデータを返す」と表現できます。
　この「diffCourse_t型のデータを返す」ということが、図3.2の「tr_traceCourse関数」（上の箱）と「cs_detectDifference関数」（左下の箱）の間にある「diffCourse_t」という文字と丸付きの矢印で表しています。丸付き矢印が上の箱に向かっているのがポイントです。diffCourse_t型のデータがcs_detectDifference関数からその呼び出し元のtr_traceCourse関数に返されることをこのように表します。
　次はnv_naviCourse関数です。この関数には、引数が1つと戻り値が1つあります。それぞれ、diffCourse_t型の変数diffとdirectionVector_t型の変数naviです。戻り値であるnaviの表現は、先ほど学びました。nv_naviCourse関数からtr_traceCourse関数に戻り値が返されるときには、丸付き矢印が上の箱向きになっていて、（naviの型である）directionVector_tという文字でそのデータの種類を示しています。一方、引数の表現は下の箱向きになっている丸付き矢印です。nv_naviCourse関数にdiffCourse_t型の変数diffが渡されているので、下向きの丸付き矢印で表されます。これはdr_move関数に対してdirectionVector_t型の変数naviが渡されているところでも同様です。dr_move関数に引数としてdirectionVector_t型の変数naviが渡されているので、directionVector_tという文字でそのデータの種類を表しています。

Trace.cについての構造図は書き終わりました。ここから、tr_traceCourse関数が呼び出していた関数があるファイルを順番に見ていきましょう。まず、cs_detectDifference関数がある Course.c（第2章コード例9・37ページ参照）です。cs_detectDifference関数からは、rd_getRoadColor関数を呼び出しています。この関数には引数はなく、戻り値を roadColor_t型の変数 color に入れています。この書き方は知っていますね。そう、tr_traceCourse関数から見た cs_detectDifference関数と同じ関係です。同じ関係ですので、同じように書きます。Course.c はこれで終わりです。

次は、nv_naviCourse関数がある、Navi.c（第2章コード例13・43ページ参照）を見てみましょう。nv_naviCourse関数からは1つも関数が呼び出されていません。何も呼び出していないときは、箱の下に矢印は1つも出ません。Navi.c もこれで終わりです。どんどんいきましょう。

tr_traceCourse関数から呼び出されている最後の関数は dr_move関数でした。この関数がある Drive.c（第2章コード例15・46ページ参照）を見てみましょう。ここでは、進行方向を引数にして mt_drvMotor関数を呼び分けています。

● 図 3.3　Course.c、Navi.c、Drive.c の情報を追加

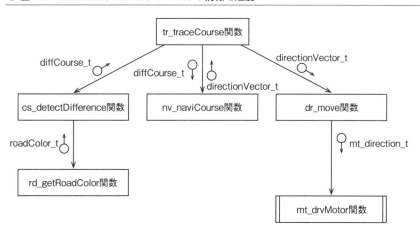

以上でtr_traceCourse関数が呼び出していた関数のあるファイルはすべて見ることができました。ここまでを図に表すと、図3.3のようになります。
　図3.3のmt_drvMotor関数のところで、今までと異なる表現が出てきました。それは、**箱の左右の線が二重になっている**ところです。これはライブラリ関数です。今回の例の場合は、外部から調達したモジュールがライブラリとなります。おそらく、何らかのハードウェアへのアクセスが含まれていると想像されます。
　さて、図3.3まで書き進めてきて、まだ見ていない部分はrd_getRoadColor関数だけになりました。この関数が含まれるRoad.c（第2章コード例11・40ページ参照）を見ていきましょう。rd_getRoadColor関数からは、ss_getLightValue関数だけが呼び出されていて、戻り値をunsigned int型の変数lightに格納しています。この場合、型が戻り値の内容を直接表していませんので、変数名であるlightを図には記載することにします。ss_getLightValue関数内部で、ハードウェアにアクセスしています。ハードウェア依存部を隠蔽してインタフェースを提供している関数となります（本書では、ハードウェア依存部は省略しています）。
　以上でRoad.cについて書き終わりました。これですべて完了しました。完成したソースコードから作成した構造図は図3.4です。いくつかのファイルに分かれていたソースコードの構造が一目でわかるようになりました。

● 図 3.4　ソースコードから作成した構造図

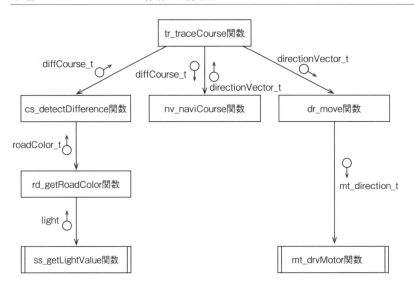

　さて、ここで構造図に使用している関数名・型名・戻り値名など、コード上の名称から、自然言語に変換します。今回のソースコードの場合、関数コメントの機能・引数・戻り値や、型コメントの記述から抜き出すことで、日本語の図に変換できます。変換したものは図3.5のようになります。

● 図 3.5　自然言語で書かれた構造図

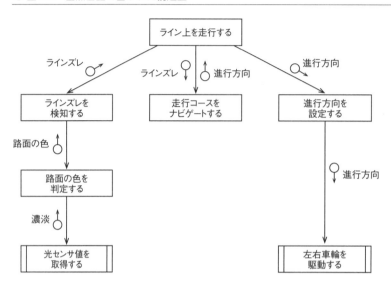

　これで構造図は完成です。この章の最初に、「良いソースコードはその構造も良いものです」と書きましたが、まさに一目でこのソフトウェアの構造が一望できる設計図ができたことになります。

3.2　良いソースコードは構造も良い

　構造を一望できるようになりましたので、本節で、この構造のどういった部分が良いのか、順番に見ていくことにします。

3.2.1　BOSS モジュールと処理モジュールが階層化されている

　最初の良い点は、モジュール構造図を見たときに、一番上にこのソフトウェアの機能を表したモジュール（図の中では箱）が1つあることです。この1つのモジュールのことを **BOSS モジュール** といいます。
　BOSS モジュールは複数個あってはいけません。1つというところが非常

に重要です。今回の構造図（図3.5）を見ると、一番上に「ライン上を走行する」というモジュールがあります。これがBOSSモジュールです。まさにライントレースする機能をひとことで表した名称を持つモジュールが1つだけある、良い構造の例です。

1つだけBOSSモジュールが上に飛び出ることで、自動的にBOSSモジュールから呼び出される処理がその下の階層に入り、階層化されることになります。図3.5の例ですと、「ライン上を走行する」というBOSSモジュールの機能を、その下の3つのモジュールの組み合わせで実現するという階層化です。

この良い設計は、自然に第2章で見てきたような良いソースコードにつながります。BOSSモジュール、呼び出されているモジュールのいずれも、機能をひとことで表した名称を持っており、「関数の名前から機能がわかる」を満たしています。また、階層化によるモジュール分割で個々のモジュールは短くなり、「関数の長さが短く簡潔である」ことも満たされています。

3.2.2　入力部と出力部が分割されている

多くのソフトウェアは、「入力」を「変換」して「出力」するという「流れ」を持っています。この入力部と出力部がそれぞれ単独機能として分割されることでシンプルになり、分割した入出力を左右に分けて書くことで、ソフトウェアの処理の流れがわかりやすくなります。

今回の構造図（図3.5）の中では、入力は「光センサ値を取得」し、その濃淡から「路面の色を判定する」を行い、その判定した色から「ラインズレを検知する」という左側の部分です。出力は「進行方向を設定する」を行い、「左右車輪を駆動する」という右側の部分です。左側から得た入力を真ん中で変換し、右側で出力するという流れが非常にわかりやすい、良い構造になっています。

この設計は、分割されてシンプルになることで「**関数の長さが短く簡潔である**」という良さにつながっていきます。また、入出力を左右に分割することで、「**対称的**」になるのも良い点です。

3.2.3 引数と戻り値が明確になっている

引数と戻り値が明確になっているというのは、つまり構造図上に不明な引数・戻り値がないということです。

図3.5では必要な引数・戻り値しか出てきません。つまり、構造図の中の入力部(左側)で説明すると、「光センサ値を取得」したら「濃淡」を返し、「濃淡」から「路面の色を判定」したら「路面の色」を返し、「路面の色」から「ラインズレを検知」したら「ラインズレ」を返す、といった形です。ここでは、それぞれ必要な情報だけが戻り値として表現されています。

3.2.4 単方向の依存性になっている

単方向の依存性というのは、処理を呼び出している方向にしか依存していない状態を指します。これが崩れるのは、下位から上位のモジュールを呼び出している逆転現象が起こっているときです。そのような複雑な構造は良い設計ではなく、シンプルに下位のモジュールにだけ依存していることが良い設計です。

図3.5の場合、上位の階層のモジュールが呼び出している下位の階層のモジュールにだけ依存しているので、良い設計になっているといえます。

これは、第1章で示した「自然な呼び出し」につながります。その結果、下位のモジュールのヘッダファイルをインクルードするだけで済み、第2章で示した「利用するヘッダファイルだけインクルードする」という良いところにつながっていきます。

3.2.5 同じ階層での横のつながりがない

同じ階層での横のつながりに関しても、3.2.4の上位モジュールへの依存と同様で、あってはなりません。

図3.5の場合、横のつながりはまったくなく、良い設計になっています。

第2章におけるソースコードの良いものには「利用するヘッダファイルだけインクルードする」というところとつながるものです。

3.2.6 モジュール名で何をしているのかがわかる

図3.5の中に出てくるモジュール名は、「〜を……する」という形式で書かれているため、一目で何をしているのかがわかる、良い命名です。各ファイル名も目的がわかる良い名前になっています。

これらは第1章の「明快な命名」、「名前は包括的サマリー」、具体的なソースレベルでは、第2章の「ファイル名、変数名からファイルの責務が見えてくる」「関数の名前から機能がわかる」につながっています。

3.2.7 第2階層のモジュール名で主要機能がわかる

BOSSモジュールはシステム全体の機能を表す名称が付けられます。そのため、その下の第2階層のモジュールが、このシステムの主要な機能を表すことになります。

今回作成した構造図では、まさに第2階層の名称でこのシステムの全体の動作が説明でき、主要な機能を表しているといえます。つまり、「ライン上を走行する」というシステムは、「ラインズレを検知」して、そのラインズレを元に「走行コースをナビゲート」し、そこで得られた「方向を設定」するという、それぞれの機能の組み合わせで成り立っていることがわかる、ということです。

これは、第1章の「2階層ルール」、第2章の「深くまで追わなくても動きを予測できる」につながることです。

Chapter 4 ソフトウェア設計の基本

第2章では良いソースコードを読み、第3章では設計図を描いて両者の関係を確認しました。大切なのは良い設計をすることです。本章では、良いソフトウェア設計を行うための基本を学んでいくことにします。

4.1 ソフトウェアの設計とは？

ソフトウェアの設計とは何でしょうか？　ソフトウェア設計に関係のある言葉としては、次のようなものが挙げられます。

- 構造化プログラミング
- 構造化設計
- オブジェクト指向設計
- 状態遷移設計
- タスク設計
- データ構造設計
- アーキテクチャ設計

これらを大きく分類すると、**構造設計**と**状態設計**および**データベース設計**、そして**プログラミング技法**に分類することができます。

4.1.1 さまざまなソフトウェア設計

上記のうち、本書の中心的なテーマである構造設計は、さらに**静的構造設計**と**動的構造設計**に分類することができます。静的構造設計とは、機能

や責務のモジュールの論理的な組立て、動的構造設計は、タスクやスレッドというタイミングを含めたモジュールの組立てになります。静的構造設計は、モジュールの粒度の大きさにより3種類あります。粒度とは、粒の大きさのことで、モジュールの大きさを指しています。関数と変数の粒度である構造化設計、ファイルやクラスの粒度であるオブジェクト指向設計、そして、最も粒度の大きいフォルダやコンポーネント単位でのアーキテクチャ設計に分類することができます。

組込み系システムとエンタープライズ系システムでは、それぞれ、もうひとつ重要な設計図があります。組込み系システムは、イベントがどのような順序で発生しても、破綻なく動き続けなければなりません。そのため、状態の設計が不可欠です。一方、エンタープライズ系システムは、企業内の大量な情報を取り扱うことが求められます。そのため、データ構造の設計が不可欠です。静的構造設計で全体を俯瞰しつつ、動的構造設計でクリティカルな動作に対応し、状態遷移設計およびデータ構造設計をすることで、各種システムに対応することができます。

本書では、モジュールを構造的に表現する構造設計を主題として取り扱います。さらに、その中でも静的構造設計を中心に説明していきます。

● 図 4.1　さまざまなソフトウェアの設計

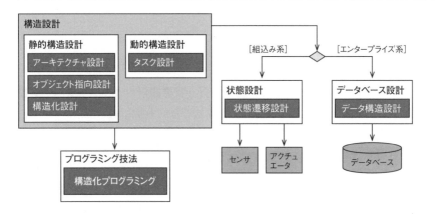

> **コラム**
>
> ### 一筆書きプログラムはソフトウェア設計ではない
>
> 　C言語は手続き型言語です。手続き型言語ということは、処理の流れをプログラミングすれば、動くソフトウェアを作ることができます。処理の流れを手続き的に書いただけのプログラムを、「**一筆書きプログラム**」と呼んでいます。これは、1つの関数の中で、入力値の処理部、パラメータや状態変数の演算図、そして出力値の処理部がすべて入っているものです。長いmain関数の多くは、「一筆書きプログラム」です。
> 　「一筆書きプログラム」は、ソフトウェアを構造的に表現していません。すなわち、ソフトウェア設計していることにはなりません。main関数内でC言語の文法を覚えただけ、という場合は、ソフトウェア設計を習ったことがないのかもしれません。

> **コラム**
>
> ### フローチャートやコーリングシーケンスも構造設計ではない
>
> 　フローチャートやコーリングシーケンスも構造設計ではありません。ソフトウェア設計をこれらだけで終わらせようというのは無理があります。ここでいうフローチャートとは、処理単位を関数にして、縦につなげたもの、コーリングシーケンスとは、処理単位を関数にして、横につなげたもののことです。
> 　これらは、実装の事実を表現しているのであって、設計の意図を表現していません。実装の図解表現であって、設計とはいえません。「入力する」「演算する」「出力する」というモジュールに分かれているので、モジュール化はできています。ただし、そのモジュールの利用関係が明確になっておらず、処理の流れを図解したものです。モジュール化はできているが、レベル化ができていない状態です。

4.1.2 構造化は設計の基本

ソフトウェア設計においては、まずモジュールを見い出し、その間の利用関係を形成することで構造設計ができます。

典型的な方法は、判断部を上位モジュール、処理部を下位モジュールとする方法です。判断部は**BOSSモジュール**と呼ばれることもあります。BOSSモジュールから、入力モジュール、演算モジュール、そして、出力モジュールを呼び出すという構造をとると、構造が整理されます。判断部と処理部を分割する、そして上位が下位のサービスを利用するというレベル化を行います。これがソフトウェア構造設計の基本です。

● 図 4.2　構造設計の基本

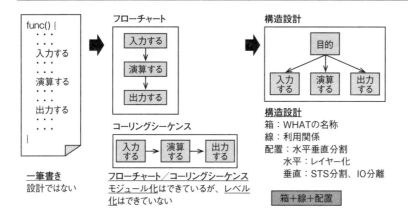

4.1.3 箱と線と配置

ソフトウェア設計の3つの要素として、モジュール化、レベル化、およびシステム形状があります。本書では、これらを箱と線と配置とも呼んでいます。

①箱：モジュール化

②線：レベル化
③配置：システム形状

箱の設計

箱：モジュール化で重要なことは、関数にすべき単位を見い出し、わかりやすい名前を付けることです。関数にすべき単位を見い出すときは、動詞＋目的語、すなわち「～を～する」のひとことで表せる機能の単位を見つけます。

名前付けは、その箱が「何者かがわかる」かどうかを決める、とても大切なポイントです。要点は、**WHATの名称を付けること**です。WHATの名称とは、そのモジュールが「何を」するのかを表現する用語になります。WHATの名称は、問題ドメインの名称ともいえます。本書の例題は走行ロボットなので、「走行」「停止」「曲がる」「走路（ライン）」などが問題ドメインの用語です。

コラム

機能の表現方法をうまく使い分けよう

設計学の研究メンバーである吉川、冨山、梅田、吉岡らの調査によると、現在の機能表現のアプローチは以下の3つに大別されます。機能をどこまで詳しく厳密に表現したいかによって、これらを使い分けていくことが大切です。万能な1通りの機能の書き方は存在しないのです（参考「入出力を中心とした機能表現と動詞を中心とした機能表現の比較と分析」：http://www-kb.ist.hokudai.ac.jp/~yoshioka/papers/jsme98.pdf）。

- 動詞を中心とした機能表現
- 入出力を中心とした機能表現
- 状態変換による機能表現

本書で説明している「モジュールの名前付け」の方法は、動詞を中心とした機能表現に分類されます。「（ひとこと）動詞と目的語の対」によってモジュールの機能をわかりやすく表現しようとしているからです。私たちが指向している「良い設計」では、ひとこと「動詞」だけで箱をわかりやすく表現することに、とても気を遣っています。

線の設計

　線：レベル化は、**モジュール間の利用関係で線を引くこと**です。上位のモジュールが下位のモジュールのサービスを利用する、という視点で上下関係をつけていきます。上位層が判断モジュールで、下位層が処理モジュールとなるように役割分担することになります。

配置の設計

　配置：システム形状は、**モジュールの全体としてのレイアウトのこと**です。システム全体の中で、モジュールをどこに配置するか、という設計です。システム全体を水平垂直分割して、モジュールを特定の場所に置きます。よくある設計指針として、水平分割は、レイヤー化、ミドル層の挿入、垂直分割は、IO分離、STS分割、UI分離、加えて、横断的関心の規則化などがあります（詳細は第6章で解説）。

4.1.4　静的構造設計ファースト

　構造設計には、静的構造設計と動的構造設計があることを紹介しました。では、どちらを先に設計するのが良いのでしょうか？　原則としては「静的構造設計」が先になります。

　ただし、比較的小規模で、全体が見渡せる規模であれば、動的構造の設計から始めることもできます。つまり、いきなりタスク分割やスレッド決めをすることもできるということです。しかし、それができるのは、全体を見渡せているからです。

　規模が大きくなり、全体を見渡すことが困難な場合は、「箱、線、配置」の設計を先に行うことが不可欠です。静的構造設計を行うことで、開発対象の全体を設計図で見渡すことができます。その後、各箱に「時間的制約」を鑑みて、タスク、割り込み、タイマなどに箱を割り付けます。

4.1.5　仕様追加・変更時も「箱、線、配置」から

　仕様追加・変更へ対応する際には、安易に「箱の中身の改造」で済ませて

はなりません。もし箱の中身を改造するならば、もともとの名前から想像のつかないようなものを箱に入れようとしていないか、必ず確認しましょう。

検討の結果、その仕様追加・変更を入れるべき箱は存在せず、新たな箱を追加すべきだという結論になったら、新たな箱を他のどの箱と線で結ぶかを考えて設計します。最後に、それによって配置が崩れないかを確認し、もし崩れるようならば新たな配置を設計します。これについては、第6章で事例を用いて詳しく説明していきます。

大事なことは、仕様追加・変更時も**「構造の質」を保つこと**なのです。

4.2 設計図とは？

プログラムを1行ずつ見ていくことで、実際の動作を知ることができますが、どうしてそのような動作をするのかという設計意図はなかなか見えてきません。このような場合にこそ、設計図を活用することが解決策のひとつです。処理の流れを追いかけるのではなく、モジュールの構造を知ることで、設計意図を推測できます。

4.2.1 検索から図面化へ

プログラムを修正する際に、「検索」機能を利用して、この変数が使われている箇所はどこか、この関数はどこから呼び出されているのかを探すことがあります。変更における修正漏れの検出や、影響範囲の特定では欠かせない作業になります。

しかし、検索を何度行っても、全体の設計構造はわからないことが多いです。検索を活用した近視眼的な修正は、本来の設計構造を破壊してしまうこともあります。変更すればするほど、プログラムは入り組んでいき、徐々に変更自体が困難になっていくという悪循環に陥ります。

そのような場合には、設計構造を把握して、**今修正している箇所はどこで、どこに影響しているのかを意識し続けること**が大切です。まず、ソースコー

ドからリバースで構造図を作り、常に、その構造図を元に変更を考える、という習慣づけができると、設計力は向上します。

4.2.2 設計図で設計意図を伝達する

　設計図を用いることのメリットは、**全体を俯瞰できること**、および**際どい箇所を明示できること**です。全体を俯瞰するとは、全体の設計構造もしくは周辺の設計構造を設計図で把握することです。全体構造を理解することで、どこで、どのような機能を行っているのかがわかります。そして、変更による影響範囲も設計図上で確認することができます。すなわち、機能追加や修正のためのリードタイムが短くなり、かつ、変更による副次的な不具合も減ります。開発スピードが向上し、かつ、品質も安定します。

　また、際どい箇所を明示できるとは、重要な変数やパフォーマンスのボトルネックを、設計図上で指定することができるということです。大きなソースコードでも、クリティカルな部分は、それほど多くはありません。しかし、そのクリティカルな部分を、安易に変更することで、致命的な不具合を引き起こす危険性があります。ソースコード上では、どこがクリティカルな部分なのかを明示することが、うまくできません。局所的にコメントを埋め込んだとしても、他の部分との関連や設計のトレードオフを検討することは容易ではないことが多いからです。しかし、設計図上で、重要な変数やシビアな処理時間のモジュールを特定しておけば、それらを変更するときに、あらかじめ注意することができます。その変更においては、身近なエンジニアに設計レビューをしてもらうことで気づくこともできます。

コラム

プロアクティブとリアクティブ、「あらかじめ」気づくスキル

　ソースコードしかない場合は動かしてみてから、後で問題に気づくことが多くなります。しかし、設計図があれば、あらかじめ動かない可能性のある箇所を検討することができます。この「あらかじめ」気づくスキルが、エンジニアにとっては、とても重要です。設計図を活用することで、その

スキルが向上します。

　まず動くソースコードを作って、テストして問題に気づいて、それを修正する、という繰返しばかりを行っていると、3年後には他のエンジニアとのスキルに大きな差が出てしまいます。不具合が出てから修正するという業務は、達成感もありますし、上司から評価されることも多いかもしれません。不具合件数を減らすことが評価される現場では重宝がられるかもしれませんが、長期的に見ると、スキルアップの機会損失をしていることになります。最悪なのは、自分で不具合を作り込んでおいて、自分でそれを修正する、といういわゆるマッチポンプ現象です。

　それに対し、設計図を使って、未然防止をして、何も起こらないことを目指すと、自然と設計力が付いていきます。設計図を使うことで、リードタイムが減り、手戻りも減り、結果として、開発スピードも速くなります。不具合が発生してから反応する「リアクティブ」な業務スタイルから、設計図を使って不具合をあらかじめ抑え込む「プロアクティブ」な業務スタイルに変革していきましょう。

4.2.3 設計図はモジュール構造とデータ構造

　ソフトウェアの設計図は、**全体のモジュール構造とモジュール間を流れるデータを図面化すること**です。箱と線と配置を図面化したものが設計図になります。そして、設計図を使って設計意図を伝達することも容易になります。

　一般的に知られている設計図としては、モジュール構造図、クラス図、コンポーネント図があります。これらの違いは、モジュールの粒度が異なる、ということです。モジュール構造図は関数と変数の構造図、クラス図はファイル単位(関数集合と変数集合)の構造図、コンポーネント図はフォルダ単位(ファイル集合)の構造図です。

　比較的小規模なソフトウェアや部分的に詳細を知りたいときは、モジュール構造図を使います。構造図(ストラクチャチャート、Structure Chart)とも呼ばれています。設計技法としては、構造化設計となります。数千行を見るときに、モジュール構造図はとても有効です。関数と変数が、設計図

として最も粒度の小さな単位です。

　その次に粒度が小さいものが、ファイル単位の構造図です。クラス図と同等です。本書では「ファイル構造図」と呼んでいます。1つのファイルには、複数の変数と複数の関数が入っています。設計技法としては、オブジェクト指向設計となります。数万行のソースコードを見るときに、ファイル単位に構造図を作ることで、全体を俯瞰できます。1つのファイルは2000行以内くらいを目処に作ることになります。

　最も粒度が大きいものが、コンポーネント図です。本書では、表記法と混同しないよう「コンポーネント構造図」と呼んでいます。複数のファイルを1つのコンポーネントとして表現したものです。設計技法としては、アーキテクチャ設計技法となります。数万行から数百万行のソースコードにも対応できます。コンポーネントとそのインタフェースを定義して、大規模なシステム開発にも対応できるものです。

　モジュール構造図、ファイル構造図、およびコンポーネント構造図は、粒度は違えど、設計時の思考は同じです。機能や責務分割して「箱」に分けて、その関係に「線」を引いて、あるルールに従って全体の「配置」を決める、ことになります。これらは静的な構造です。

　この他にも、タスクやスレッドという動的な構造もあります。次に、静的な構造図の表記法を紹介します。

4.3　モジュール構造図

　モジュール構造図とは、関数と変数の呼び出し関係を図面化したものです。図4.3のように、関数を四角形、変数を六角形、それらの呼び出し関係を矢印で作図します。そして、関数の引数と戻り値をカップルとして矢印の上に書きます。六角形の変数とカップルの引数と戻り値は、データ辞書で定義します（後述）。関数の呼び出し関係は、上位に判断し、サブモジュールを統制する「賢い関数」を置くことで、レベル化します。

● 図 4.3　関数と変数の呼び出し関係

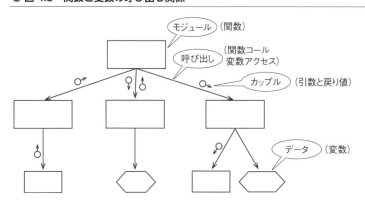

4.3.1　上下左右のシステム形状を形成する

　モジュールの配置レイアウトを決めることで、全体の設計図を表現できます。図4.4のように、システム全体を水平方向と垂直方向に分割して区分けします。水平分割では、上位層に判断モジュールを配置して、下位層には単純処理を行うモジュールを置きます。そして、中間層は、上位層からの指示を下位層へ伝達する仲介的な役割を行うモジュールが来ます。最上位のアプリ層をBOSSモジュール、中間層のミドル層は中間BOSSモジュールあるいはエージェントモジュールと呼ぶこともあります。最下層はドライバ層といいます。

　垂直分割では、左側に入力モジュール、右側に出力モジュールを配置します。中間に演算モジュールを配置することで、いわゆるSTS（Source源泉－Transform変換－Sink吸収）というシステム形状になります。

● 図 4.4　水平分割と垂直分割

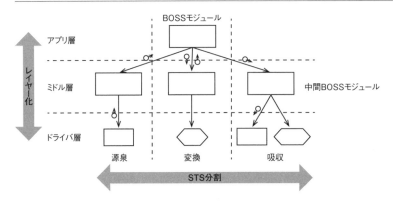

4.3.2　コーリングシーケンスは、なぜ設計図ではないのか？

　コーリングシーケンスは上下に配置することで、見た目はモジュール構造図と同じような形になります。しかし、モジュールが上寄せで並んでいるだけで配置の考慮がないので、設計意図を表現しているとはいえません。

　設計図とは、

- 各レイヤーのモジュール粒度を揃えて並べる（上寄せだけではなく、レイヤーを飛び越える場合もある）
- 左側に入力モジュール、右側に出力モジュールを並べる（STSであれば、中央に演算モジュール）

というように、モジュールの意味（機能や責務）を判断して図面化したものです。

　設計図にするには、意味を（人が）考えて、並び直さないと設計図になりません。

4.3.3 構造図の表記法

モジュールの種類、呼び出しの種類、カップルの種類、動作の種類で、それぞれ表記法が存在します。また、規模が大きくなってきた場合はシートを用いて設計図を分割します。より厳密に書きたい場合は、これらの表記法を使うことができます。設計構造の構想や設計意図の伝達が主目的であれば、これらの表記法は使わなくても構いません。プログラミングをする前に、きちんと設計したい、というときに有効です。

● 図 4.5　モジュール構造図の表記法

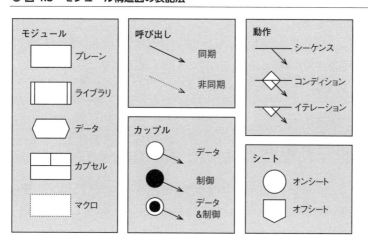

モジュールには、プレーン、ライブラリ、データ、カプセル、マクロがあります。プレーンモジュールは通常の自作関数、ライブラリモジュールは付属関数や他の人が作った関数、データモジュールは変数、カプセルモジュールは変数へのアクセス関数であり、変数を隠蔽し、直接触らせないときに使います。下側に変数名、上側にアクセス関数を並べます。マクロモジュールはプリプロセッサでのマクロ定義です。

呼び出しには、同期呼び出しと非同期呼び出しがあります。関数コールが

同期呼び出し、プロセス間通信にシステムコールが非同期呼び出しとなります。

カップルには3種類あります。変数や構造体のような値を引き渡す場合にはデータカップル、フラグなどの制御値を引き渡す場合には制御カップルを使います。あまり使うことはないのですが、フラグと値が一体化しているようなデータを引き渡す場合には、データ＆制御カップルを使います。バイトサイズで、最上位ビットがフラグになっていて、その下の7ビットで値を持っているようなデータです。

動作も3種類を書くことができます。単純な関数呼び出しはシーケンス動作、if文などの条件判断はコンディション動作、for文などの繰返しはイテレーション動作となります。

また、モジュール構造図は、入れ子構造では書けないため、1つの平面で書くことになります。同じシート内に続きを書く場合はオンシート同士でつなぎます。異なるシートへ続く場合はオフシート同士でつなぎます。

4.4 データ構造

プログラムは、データ構造とアルゴリズムであるといわれています。**データ構造**は処理の対象で、アルゴリズムとは処理ロジックです。データ構造がシンプルになると、アルゴリズムもシンプルになることが多いです。

データ構造は、C言語では、変数、構造体、配列などで実装します。そのデータが何を意味するのかを考えて名前付けすることが設計となります。実装の前に、設計を行うことが大切です。

設計の表記法の代表的なものに、**データ辞書**と**実体関連図**があります。多くの組込みシステムのように、内部にデータベースを持たず、事実データや状態変数などが中心であれば、データ辞書が有効です。エンタープライズ系のように、取り扱う情報が企業情報（個人情報や組織情報など）であれば、実体関連図で、データ同士の関連を図解したほうが良いでしょう。本書では、データ辞書について解説します。

データ辞書を書くことで、対象とする問題ドメインの本質が見えてきます。また、データのほうがモジュールよりも、長持ちすることが多いです。すなわち、データのほうが問題ドメインの本質を表現する、といえます。モジュール構造図は、設計の結果を表現する設計図です。機能が変わることで、変化を受けやすいことが多いです。

長持ちするプログラムを作りたいのであれば、問題ドメインの中心的なデータをきちんと定義して、そのデータを中心にロジックを組むことが1つの解になります。

4.4.1 データ辞書

データ辞書は、解決すべき問題ドメイン内に存在するデータを定義するものです。モジュール構造図においては、六角系のデータモジュールと引数と戻り値のカップルをデータ辞書として定義します。

データ辞書では、1行ごとに定義文を書きます。イコールの左右で、左側に定義するもの、右側に構成要素を書きます。重要なものとして、値、構造体、列挙型、配列があります。

● 表 4.1　データ辞書の表記法

記　号	例	C言語では
= ...	a＝型，値域，単位系	変数
＋	a＝b＋c	構造体と構造体メンバ
[ ]	a＝[b ǀ c]	enumもしくは#define
{ }	a＝3{b}10	配列やリスト構造
( )	(a)	オプション
" "	"abc"	文字列
* *	*コメント*	補足説明文

値は、その値の型と値域、および単位系を記載します。型には整数型か浮動小数点型かを書きます。値域には、最小値と最大値を書きます。たとえば、「最小値：0，最大値：100」と書きます。単位には数値の単位を記載します。

```
濃淡 = 整数:最小値0 ; 最大値1023 ; 単位 : 光センサ値
```

構造体は、複数のデータから構成されるデータを定義します。実装時には、構造体とそのメンバとなります。

```
進行方向 = 左右方向 + 前後方向
```

列挙型は、変数の取りうる値を書きます。状態変数の状態値やモード変数のモード値、およびコマンド種別やエラーコード種別、などを書くことができます。実装時には、#define定義やenum定義となります。

```
前後方向 = [前進|後退|その場]
```

配列などのデータの集合体はどのデータがいくつあるのか、という多重度を記載します。

```
お買い物リスト = 0{お店番号}2
```

 以上が基本的なデータ辞書です。データ辞書で定義することで、要求の曖昧さもわかります。すなわち、データ辞書で定義できないということは、まだ要求として固まっていないということがいえるからです。また、テストケース設計にも使えます。下限値や上限値、取りうる値の定義域、そしてバッファの数などは、テストケース設計へのインプットになります。
 上記の表記法の他に、オプション、リテラル、コメントがあります。
 オプションは、機種ごとの差分や拡張性のための予約を記載します。
 リテラルは、文字列そのものの定義となります。表示文字列やエラーコードなどを定義します。
 コメントは、自然言語での説明文です。

4.5 ファイル構造図／クラス図

　関数と変数の次に粒度の大きい構造図が、**ファイル単位の構造図**になります。C言語は、従来は実装ファイル中心、すなわち.cファイル（ドットシー）が中心で、複数の実装ファイルで共有する定義をヘッダファイルで定義していました。

　今でも比較的小規模なプログラムでは、そのような形式も見かけます。比較的小規模なプログラムとは、一人の頭の中で全体を把握できるような規模です。アセンブラ的Cともいえます。複数人で開発するような規模になると、実装ファイルとヘッダファイルを同じ名前のペアにすることが多くなります。すなわち、実装ファイルよりもヘッダファイルが中心となり、ヘッダファイルでモジュール間の関係を決めて、実装ファイルはそれに従って実現する、という流れになります。このような作りはモジュール的Cといえます。

4.5.1 最小のソフトウェア部品

　ヘッダファイルと実装ファイルのペアが最小のソフトウェア部品となります。すなわち、ファイル単位で再利用可能な部品として使うことができます。ヘッダファイルで利用インタフェースを定義して、実装ファイルで変数を隠蔽しつつ公開関数を実装します。

　ソフトウェア部品と呼べる条件は、**①組み合わせて使えること**、**②置換が可能なこと**の2つになります。

　①は、利用インタフェースが定義されていて、そのインタフェースを呼び出すことで他の部品とつながる、ということです。②は、インタフェースを守っていれば、他の部品と差し替えて使うことができる、ということです。すなわち、ヘッダファイルでインタフェースを定義して、ヘッダファイルと実装ファイルのペアでの組立てや置換ができる「ソフトウェア部品」を作ることができます。

● 図4.6　最小のソフトウェア部品

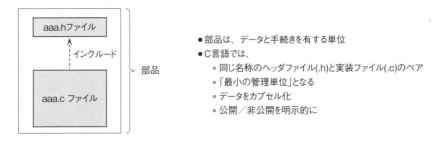

- 部品は、データと手続きを有する単位
- C言語では、
  - 同じ名称のヘッダファイル(.h)と実装ファイル(.c)のペア
  - 「最小の管理単位」となる
  - データをカプセル化
  - 公開／非公開を明示的に

C言語で部品化するときのコーディングルールとは次の4つです。

①ヘッダファイルと実装ファイルを同じ名称にする
②実装ファイルで、自分用のヘッダファイルをインクルードする
③ヘッダファイルで、公開する関数をextern宣言する
④実装ファイルで、内部で使う関数と変数をstatic宣言する

● 図4.7　C言語によるソフトウェア部品の定義

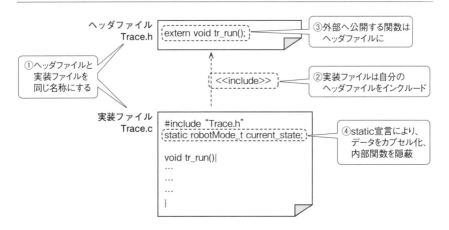

4.5.2 クラス図

C言語でも、ヘッダファイルと実装ファイルのペアを「ひとつのクラス」とみなして、UMLの**クラス図**で表記することができます。クラスの表記では、四角形を三段に分けて、上部にクラス名、中央部に属性、下部にメソッドを記入します。同様に、C言語によるソフトウェア部品の表記では、上部にファイル名、中央部に変数、下部に関数を記入します。

なお、モジュールの種類を示したい場合には、ファイル名の上部にステレオタイプを記述します。ステレオタイプは、機能とは異なる切り口でモジュールの特徴や位置づけを示すのに使われます。

もうひとつ重要なのは、ファイルに含まれる関数や変数の可視性です。プラスが公開、マイナスが非公開となります。C言語の場合、自ヘッダファイルでextern宣言している関数や変数がファイル外に公開するものなのでプラス('+')、実装ファイル内でstatic宣言している関数や変数は、ファイル外からアクセスできないのでマイナス('-')の表記になります。通常、変数を非公開とし、関数の一部を公開します。これにより、ファイル単位で責務が明確になり、変数は内部にカプセル化されて、利用される関数だけが公開されることになります。

● 図 4.8 クラス図の表記法

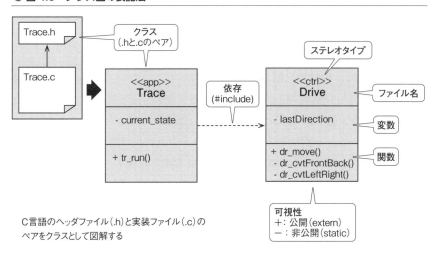

C言語のヘッダファイル(.h)と実装ファイル(.c)のペアをクラスとして図解する

クラス間の関係は、ヘッダファイルのインクルード関係を調べることで記載できます。すなわち、自ヘッダ以外のヘッダファイルをインクルードしている場合は、そのクラスへ破線の依存線を記載します。

4.5.3 コミュニケーション図

クラス間の関係で、破線に依存線だけではなく、実際の関数コールの流れも書くことができます。クラス間に実線を引いて、その線上にメッセージを記載します。これは、UMLの**コミュニケーション図**で表記することになります。コミュニケーション図は、図4.10の左側（静的構造）の図です。

● 図 4.9　モジュール周り

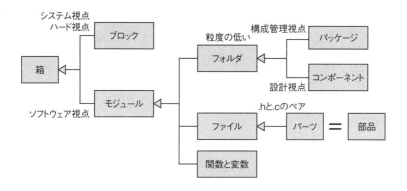

4.5.4 コミュニケーション図とシーケンス図の使い分け

UMLでは、構造図と振る舞い図が定義されています。構造図はクラス図などが相当し、要素同士の関係が記述できます。振る舞い図には、**コミュニケーション図**や**シーケンス図**が相当し、要素間の動きを記述できます。コミュニケーション図は空間的表現力、シーケンス図は時間的表現力に優れています。したがって、機能や責務の設計意図を表現するのはコミュニケーション図が適しています。空間的表現力で、上位が下位のサービスを利用して振る舞うことや、左下からセンサ値が上ってきて、右下のアクチュエータを制御する、というような構造的な設計意図を明確にすることができます。

それに対して、シーケンス図は、時間軸で処理の流れを追いかけるものなので、論理的な機能設計には適しません。ある特定の局面を表現するので、重要な動作シナリオをしっかり定義することに向いています。したがって、タイミングやパフォーマンス目標を表現したいときに、シーケンス図を使います。

すなわち、静的構造の振る舞いはコミュニケーション図、動的構造の振る舞いはシーケンス図が適しているといえます。

● 図 4.10　2つの振る舞い図の使い分け

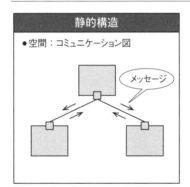
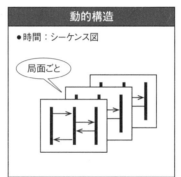

4.6　コンポーネント構造図

ファイル単位より、さらに粒度の大きい構造図が、フォルダ単位の構造図になります。本書では、**コンポーネント構造図**と呼ぶことにします。

表記法としては、UMLのパッケージ図やコンポジット構造図およびSysMLの内部ブロック図を使います。よくある使い分けとして、パッケージ図はヘッダファイルのインクルード関係を表現したいときに使い、コンポジット構造図と内部ブロック図は、インタフェースを表現したいときに使っていることが多いようです。コンポーネント構造図は、図4.14のように、コンポーネントをポート（小さい四角形）でつないだ図となります。

図4.11 ソフトウェアのモジュラーデザイン

- 「システム」「コンポーネント」「部品」などの粒度で、名称で一意に識別できる単位がモジュール
- システム―コンポーネント部品という構造を仮定
- ソフトウェアモジュールの難しさ
  - 汎用部品がなく、属人性が高い
  - 他の人の作ったモジュールは使いにくい、つながらない
- ソフトウェアモジュールの長所
  - 生産工程がなく、設計工程の優劣で、品質・生産性・価値が大きく変わる
  - 複数異種の一括開発が容易
    ・プロダクトライン開発

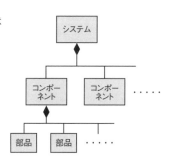

4.6.1　コンポーネントでモジュールを表現

　コンポーネントは、大きい四角形と小さい四角形でモジュールを表現します。大きな四角形がコンポーネント、小さな四角形がポートです。

　ポートはインタフェースを持つことができます。インタフェースとしては、丸型の提供インタフェース、半円の要求インタフェースがあります。それらがポートから伸びて、提供インタフェースと要求インタフェースがつながっていきます。

　コンポーネントの特徴として挙げられるのが、「インタフェースを外部に公開し、組み立てることができて、置き換えることもできる」ことです。クラスが最小の部品単位ということで、組立と置換ができることと同じです。コンポーネントは、すなわち、クラスよりも粒度の大きな部品となります。

　クラスが最小の部品であり、どちらかというと設計・実装の担当者が再利用していく部品、それに対してコンポーネントは、組織的・戦略的に、何を部品化して、どのように再利用するかを決める部品単位になります。技術リーダーとしてのアーキテクトがいる組織では、コンポーネント単位の調達や開発、そして再利用やプロダクトライン展開の戦略があることもあります。

● 図4.12　ソフトウェアのコンポーネント

つながる

- インタフェースを外部に公開し
- 組み立てることができる
- 置き換えることができる
- コンポーネントは、複数の部品で形成されていることが多い
- 小規模なソフトウェアでは「部品＝コンポーネント」

　コンポーネントもインタフェースが重要となります。提供インタフェースと要求インタフェースがしっかり整合性がとれていると、コンポーネントをつないで使うことができます。しかし、インタフェース設計の不整合がある場合は、組み合わせることができません。

● 図4.13　コンポーネントのインタフェース

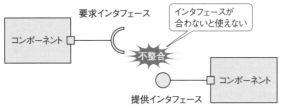

- 外部から使うための定義
- メソッド（関数）の集合体の場合が多い
- 要求インタフェースと提供インタフェースが合致するとつながる

4.6.2　コンポーネントのインタフェースの定義

　コンポーネントのインタフェースは、実際は複数の公開インタフェースの集合体であり、かつ、そこに流れるデータも複数あることがあります。本書では、コンポーネントの仕様記述のフォーマットとして、次に挙げる4つに分けて表記しています。

①名称
②提供インタフェース
③内部処理
④要求インタフェース

● 図 4.14 コンポーネントの仕様記述

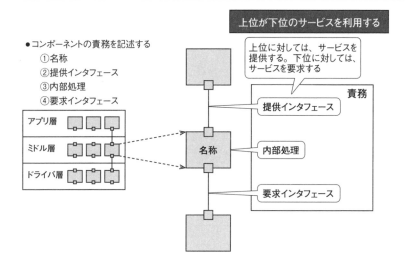

● 図 4.15 コンポーネントの仕様記述フォーマット例

名称	（ここには、責務がわかるような名称を付ける）
提供インタフェース	（外部へ提供するサービスを記載する。引き渡すデータ構造を含む）
内部処理	（内部の処理概要を記載する。機能の列挙でも良い）
要求インタフェース	（責務を果たすために利用するサービスを記載する。引き渡すデータ構造を含む）

> **コラム**
>
> **クラス図は要求インタフェースを明記できない**
>
> 　クラス図は、提供インタフェースは記載しますが、要求インタフェースは図面からは記載しません。UMLのクラス図はソースコードに近い表記法であり、詳細設計で解決していることが多いようです。すなわち、要求インタフェースとして、あらかじめ束ねて整理するのではなく、メソッドがどのクラスのメソッドを呼んでいるのかを調べることでわかることになります。
>
> 　したがって、クラスを再利用するためには、ソースコードを少し調べることになります。ソースコードと照らし合わせながらの再利用になるため、再利用の工数も余計にかかります。
>
> 　クラス図がソースコードを意識したソフトウェア実装のための表記法であるのに対し、SysMLのブロック図は、ソフトウェアに限らず使える表記法であるといえます。

4.7 静的構造は粒度を変えられる

　ここまで解説してきた設計図は、機能や責務という論理的なモジュールの構造でした。これらは静的構造と呼びます。静的構造は、関数と変数という粒度、ファイルという粒度、ファイル集合のコンポーネントという粒度、というようにモジュールの粒度を変えることができます。

● 図 4.16 静的構造のモジュール粒度

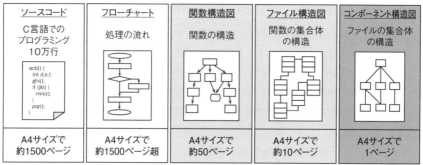

　ソースコードで10万行のプログラムは、A4サイズのシートに印刷すると、約1500ページになります。1500ページの中から不具合を見つけることは、無駄な時間と労力を消費することになってしまい、開発のスピードダウンに直結します。

　プログラムの設計図としてフローチャートを書く人も多くいます。しかし、フローチャートは、処理の流れを図解表現するものであり、C言語と同じ記述の抽象度となってしまいます。図解表現する分、ページ数は増えるでしょう。したがって、フローチャートは粒度の観点でも、設計図とはいえません。

　次に粒度を上げたものが、関数と変数です。1つの関数（たとえば30行）が1つの四角形で表現されるため、記述の抽象度が上がります。10万行のソースコードは、約50ページで表現することができます。ただし、これでも、作成者以外の第三者が管理するには粒度が小さ過ぎます。

　もう一段粒度を上げたものがファイル単位です。変数を中心に、10個から20個程度の関数の集合体で1つのファイルとなります。10万行であれば、約10ページで表現することができます。かつ、ファイルという独立した単位なので、第三者が再利用単位として管理することも可能になります。

　そして、さらに粒度を上げると、複数ファイルが入っているフォルダ単位になります。フォルダ単位でコンポーネント構造図を書けば、10万行のコードも1ページで表現できます。すなわち、全体を俯瞰できます。さらに、フォ

ルダ構成は階層化できますので、階層を増やすことで、100万行でも1000万行でも、最上位のフォルダで図解すれば1ページでの表現が可能となります。

4.8 タスク構造図

　組込みシステムでは、パフォーマンスや同期などの設計もしなければなりません。しかし、それらは、今まで出てきた静的な構造図では表現できません。関数、ファイル、コンポーネントという機能や責務単位ではなく、タスクやスレッドという実行単位の図面化が必要です。本書では、**動的構造**および**タスク構造図**と呼んでいます。

　表記法は、静的構造のコンポーネント構造図と同じく、UMLのコンポジット構造図もしくはSysMLの内部ブロック図で表記します。

● 図4.17　タスク構造図の表記法

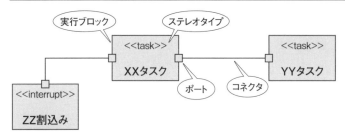

- 実行ブロックはコンポジット構造図を用い、その種別をステレオタイプで明記する
    - \<\<task\>\>、\<\<割込み\>\>、\<\<共有メモリ\>\>など
- ポート間をコネクタで接続する
    - 実行ブロック同士をポートを介して実線でつなぐ
    - インタフェース定義が重要（メッセージ通信、非同期、同期など）

4.8.1 静的構造と動的構造の関係

組込みソフトウェアは、2つのビューポイントで図面化することになります。静的構造と動的構造です。比較的小規模なシステムでは動的構造が中心となり、中規模や大規模になると静的構造が中心となるようです。また、どちらか一方の設計図しかない場合もあります。

近年では、先に、機能追加などの論理的な設計を静的構造で行い、次に静的構造に対してモジュール単位（モジュール集合）で実行時間を割り当てて動的構造を決める設計が多くなっています。本書では、動的構造は主題ではないため簡単に触れるだけとします。

● 図 4.18 静的構造と動的構造の関係

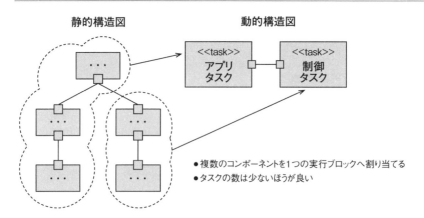

Chapter 5 コードと設計図を同期させる

　ここまでで、ライン上を走行する機能が完成しました。続いてこの章では、仕様変更への対応を行います。ソースコードを追いかけて近視眼的に修正すると、プログラムが崩れてしまいます。そのような変更方法ではなく、設計構造を大局的に見て、モジュールへの責務分割を適切に保ったまま設計構造を修正していく方法を紹介します。

　これにより、設計図とソースコードを一体化させて開発することができるようになります。そのような設計と実装を同期させる開発をすれば、ソースコードだけが最新で設計書がない、という事態を回避することもできます。

5.1　仕様変更：お買い物ロボット

　ここまで説明してきたのは、ライン上を走行するだけのロボットでした。ここからは、ライン上にいくつかのお店があり、そのお店で買い物をする（一定時間停止する）ロボットの仕様変更に対応してみます。

　具体的には、①ライン上に白マーカがあり、それをお店とみなす、②お店に到着したら買い物をする、③動作としては、一定時間停止する、④買い物終了後、またライン走行して次のお店に向かう、⑤お店は3軒ある、⑥4つ目の白マーカを家（出発地）とみなし、家に到着したらその場で倒立を続ける、という要求になります。

● 図 5.1　お買い物ロボット

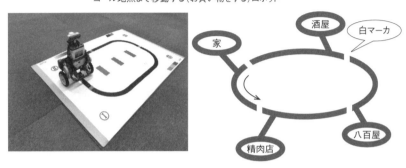

- 指定されたポイント（お店）に立ち寄りながら、スタート地点からゴール地点まで移動する（お買い物をする）ロボット

5.2　近視眼的な派生開発

　開発現場では、ソースコードを追いかけて近視眼的な修正をする変更方法をよく目にします。しかし、この変更方法を続けていくと、ソースコードが徐々に複雑怪奇化し、後で見直すと、ソースコードを書いた人自身でも、何を書いているのかわからなくなってしまいます。

　このような事態を引き起こす、近視眼的な修正の例を見ていきましょう。

お店検知の変更

　今回の仕様変更に関して考えなければならないことの1つ目は、**お店の検知方法**です。白マーカがお店ということなので、ラインに白が3回連続したらお店とみなすという検知方法を採用します。ライン走行ロボットでは、Road.cでラインの色を検出して、Course.cで、その色に応じてラインズレを検出する、という関数があります。

● コード例1　Road.c の路面の色を返す関数

```
/***********************************************************
 * 関数名  : rd_getRoadColor
 * 機能    : 路面の色を返す
 * 引数    : なし
 * 戻り値  : 路面の色
 * 備考    :
 ***********************************************************/
roadColor_t rd_getRoadColor(void)
{
    unsigned int    light;
    roadColor_t     roadColor;

    light = ss_getLightValue();
    if (light < WHITE_THRESHOLD){
        roadColor = eWhite;
    } else if (light < LIGHTGRAY_THRESHOLD){
        roadColor = eLightGray;
    } else if (light < GRAY_THRESHOLD){
        roadColor = eGray;
    } else if (light < DARKGRAY_THRESHOLD){
        roadColor = eDarkGray;
    } else {
        roadColor = eBlack;
    }
    return roadColor;
}
```

● コード例2　Course.c の色からズレを判定している関数

```
/***********************************************************
 * 関数名  : cs_detectDifference
 * 機能    : 走行すべき位置からのズレを返す
 * 引数    : なし
 * 戻り値  : ズレ
 * 備考    :
 ***********************************************************/
diffCourse_t cs_detectDifference(void)
{
    roadColor_t     color;
    diffCourse_t    diff;
```

```c
    color = rd_getRoadColor();

    switch (color) {
    case eWhite:
        diff = eDiffRight;
        break;
    case eLightGray:
        diff = eDiffRight;
        break;
    case eGray:
        diff = eNoDiff;
        break;
    case eDarkGray:
        diff = eDiffLeft;
        break;
    case eBlack:
        diff = eDiffLeft;
        break;
    default:         /* other */
        diff = eDiffLeft;
        break;
    }

    return diff;
}
```

　今回の仕様変更では、「白が3回連続する」というロジックを作ればロボットは動きます。白を判定している箇所を見つけると、Course.cのcs_detectDifference関数にたどり着きます。ここで、白判定している部分に、前回の白判定を記憶しておき、3回連続白だったら、お店フラグを立てる、という追加ができます。

● コード例3　ソースコードを追いかけて考えた近視眼的な修正（お店の検知）

```
/***********************************************************
 * 関数名  ： cs_detectDifference
 * 機能    ： 走行すべき位置からのズレを返す
 * 引数    ： なし
 * 戻り値  ： ズレ
```

```
 *  備考   :
 ***********************************************/
diffCourse_t cs_detectDifference(void)
{
    roadColor_t     color;
    diffCourse_t    diff;

    color = rd_getRoadColor();

    switch (color) {
    case eWhite:
        diff = eDiffRight;
        white_count++;      /* 白の回数 */
        if (white_count >= 3) {
            white_count = 0;
            shop_flg = 1;
        }
        break;
    case eLightGray:
        diff = eDiffRight;
        white_count = 0;
        break;
    case eGray:
        diff = eNoDiff;
        white_count = 0;
        break;
    case eDarkGray:
        diff = eDiffLeft;
        white_count = 0;
        break;
    case eBlack:
        diff = eDiffLeft;
        white_count = 0;
        break;
    default:            /* other */
        diff = eDiffLeft;
        white_count = 0;
        break;
    }

    return diff;
}
```

買物動作の変更

考えなければならないことの2つ目は、お店を検知したら停止し、一定時間経過後、走行を再開するという機能の実現方法です。Trace.cでラインズレを検出して、進行方向を決めて前進させている関数があります。この関数を近視眼的に変更しています。

● コード例4　ソースコードを追いかけた近視眼的な修正（買い物シナリオ）

```
/************************************************************
 * 関数名　: tr_traceCourse
 * 機能　　: コースを前進しながらトレースする
 * 引数　　: なし
 * 戻り値　: なし
 * 備考　　:
 ************************************************************/
static void tr_traceCourse(void)
{
    diffCourse_t            diff;
    directionVector_t       drct;

    diff = cs_detectDifference();
    if (shop_flg) {
        /* お店検出 */
        shopping_timer = 5000/20;       /* 5秒 */
    }
    if (shopping_timer) {
        /* 買い物中 */
        shopping_timer--;
    } else {
        /* 走行中 */
        drct = nv_naviCourse(diff);
        dr_move(drct);
    }
    return;
}
```

今回の変更方法は、フラグを多用した極端な例ですが、一応、これでも動きはします。しかし、設計はまったくされていないといえます。修正すればするほど、ソースコードの複雑さが増していきます。そのような現象を、金属疲労になぞらえて、**ソフトウェア疲労**と呼ぶこともあります。

ソフトウェア疲労の発生

今回は単純な変更でしたが、このような変更でも、2つの関数の行数がかなり増えています。また、お店フラグという関数を横断する変数ができてしまいました。

修正後の構造をモジュール構造図で見てみましょう。関数は増えていないので、関数呼び出し構造は変わっていません。変数が2つ追加されています。

● 図 5.2　近視眼的修正後のモジュール構造図

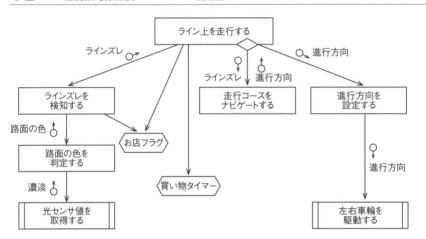

モジュール構造の劣化

この変更方法は、設計的視点で既に3つの問題を発生させています。

1つ目の問題は、**関数の肥大化**です。ソースコードを見ると、「ライン上を走行する」という関数と「ラインズレを検知する」という関数の行数が大きくなっています。この2つの関数は、今後修正するときに、関数の内部を追いかけないと理解できない状態になっています。

2つ目の問題は、**共有結合**です。これは関数の肥大化よりももっと大きな、設計構造上の問題です。今は2つの関数で使われているだけですが、それでもソースコードを眺めるだけでは、どこで使われているかパッとわからなく

なるものです。したがって、検索してお店フラグの利用箇所を見つけることになります。そのうちに、検索なしでは修正できないソースコードになってしまいます。変数がどこで使われているか検索する、関数がどこから呼び出されているか検索する、という開発は、検索の時間ばかりかかり、開発スピードの低下に直結します。また、呼び出し元の何階層目までさかのぼれば影響範囲が限定できるのかわからないため、品質も不安定になります。検索を多用している開発は、無駄な時間や品質低下を引き起こしてしまいます。

3つ目の問題は、**BOSSモジュールのロジックが複雑になっている**ことです。tr_traceCourse関数のソースコードを見ると、if文の条件判断が増えています。まだ、呼び出している関数の数が3つと少ないので、それほど複雑にはなっていませんが、このまま、BOSSモジュールに何でもやらせてしまうと、呼び出す関数の数がどんどん増えてしまい、内部ロジックも複雑になってしまいます。

このようなソースコードになってしまうと、たとえ設計図があっても、結局、ソースコードを追いかけて修正箇所を見つける必要があり、検索を駆使して影響範囲をそれなりに見極める、という開発になってしまいます。こうなってしまうと、既に設計構造が崩れた状態です。

● 図 5.3　近視眼的な修正によるモジュール構造の劣化

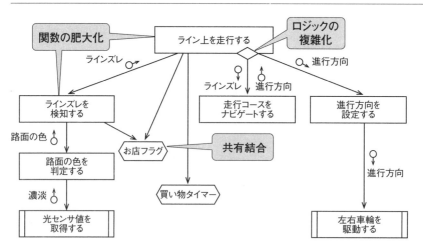

責務分割の劣化

　今回の近視眼的変更には、設計構造が崩れることよりも深刻な「**責務分割が劣化している**」という問題があります。この問題を発見するためには、関数の名称と中身を比べて、中身が名称から想像のつくものになっているかどうかを確認する必要があります。そこでもし想像できないようなものが関数の中身に入っていれば、それは責務分割の乱れです。変数についても、名称から責務を容易に想像できるかどうかを確認する必要があります。これらの確認は、プログラムの変更時にはいつも行う「習慣」でなくてはなりません。これは、ツールではできないので、設計者のスキルや設計レビューで検出することになります。設計力が問われる領域です。

「ラインズレを検知する」という関数が、「お店を判定する」という責務を抱えることになってしまいました。「ラインズレを検知する」という名称からは、「お店を判定する」という責務が含まれているとは想像がつきませんので、責務分割が劣化していることがわかります。

　これを修正するために、「ラインズレ」と「お店」のどちらが上位かを確認します。今回の仕様変更は、「単純なライントレースロボットをお買い物ロボットに変更する」ことが主題でした。お買い物ロボットを実現するためには、「お店で停止し、ライン上で走る」必要があります。「ラインズレ」は「ライン上で走る」機能の実現手段です。実現手段は目的の下位に来るのが自然なので、「お店判定」が別関数になって、「ラインズレ」はそれよりも下位にくる、という構造になるべきです。

　同じような視点で見ると、最上位のBOSSモジュールも、今までは「ライン走行する」という責務だったのに対して、「お買い物をする」という責務が増えてしまっています。「買い物タイマー」、「お店フラグ」という意味は、「ライン走行する」という意味よりも、上位の目的を含んでいるといえます。ライン走行するために買い物をするのか、買い物をするためにライン走行をするのかと考えた場合、後者が問題ドメインの本質を捉えています。すなわち、今までのBOSSであった「ライン走行する」よりも上位目的の「買い物をする」が出現しました。つまり、最上位に新規BOSSモジュールを増やすべきだったのです。

●図 5.4　近視眼的修正による責務分割の劣化

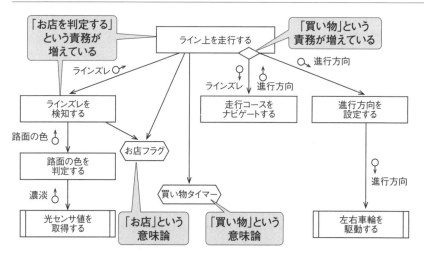

5.3 大局的な派生開発

　次に、複雑さをあまり増大させない設計を見ていきます。設計構造を見て、どこで追加機能を実施するかを検討します。今回のケースでは、「お店を判定する」という機能と「買い物に出かける」という機能、および「買い物をする」という機能です。基本形はライン走行ですので、そもそも「お店」とか「買い物」とかの責務を持つ関数やファイルはありません。したがって、既存の関数やファイルの内部を変更するのではなく、新規に「お店」や「買い物」の責務を持つ関数やファイルを作ることになります。その設計構想例を次の図に示します。

● **図 5.5　お買い物ロボットの設計構想**

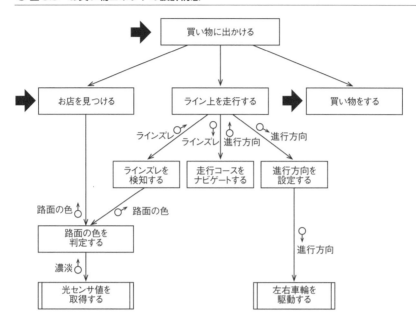

変更箇所を見極める

　まず、「お店を見つける」という機能ですが、路面の色で判断する（白が3回連続する）ので、**路面の色を判定する**というサービスを使うことになります。これに対する指示がどこからくるかというと、従来のBOSSであった「ライン上を走行する」では、買い物という概念を知らないので、BOSSとしては適切ではありません。そのため、新たなBOSSを作る必要があります。

　設計構想では、「買い物に出かける」という新たなBOSSを作っています。従来のBOSSであった「ライン上を走行する」は、そのBOSSから利用されるサービスに位置づけが変わります。上位が下位のサービスを利用する、という視点では、「買い物をするために走行する」ことになります。買い物が目的で走行が手段という関係になります。それがシステムの設計意図となります。問題ドメインの本質ともいえます。

　そして、実際の買い物をするモジュールも切り離します。今回の仕様では、単なる時間待ちの実装になりますが、「買い物をする」という目的を持った名称とします。

その結果、3つのモジュールが、従来のライン走行システムの上位につながる設計構想となります。そうすることで、従来の「ライン上を走行する」というソースコードおよび設計構造は、ほぼそのまま使えます。設計の複雑さが増大していないといえます。

設計図で語る

次に、BOSSモジュールが何をするのかを設計します。今回は、ライン上の現在位置に「道」、「お店」、「家」というスポットがあることを判断して、ドライブ中と買物中を切り替えていくことになります。すなわち、現在状態と現在スポットの組み合わせによって、何をするのか、というアクションが決まります。

このような組み合わせのロジックは、決定表（ディシジョンテーブル）で書くことで、設計時に何をするモジュールなのかを見極めることができます。また、決定表を持つモジュールがBOSSになり、アクションがBOSSから呼び出される関数になる、という設計構造となります。

● 表5.1　BOSS モジュールの決定表

入力		出力	
現在状態	現在スポット	次状態	アクション
ドライブ中	道	（変わりなし）	走行指示
	お店	買物中	停止指示 **買物開始**
	家	終了	停止指示
買物中	道	起こりえない	何もしない
	お店	（変わりなし）	停止指示
	家	終了	停止指示

「買物中」に、現在スポットが「道」になることはない。
上記の決定表とは別に、BOSSモジュールでは、「買物中」に「**買物完了**」を受け取った場合、次状態を「ドライブ中」とし、アクションとして「走行指示」を出す処理を行う。

BOSSモジュールの決定表では、複数の入力の組み合わせに対する、複数の出力の組み合わせを決めることができます。この表があれば、プログラミングは半機械的に実施できます。プログラミングしては動かしてみて、うまく動いたときの条件分岐構造を組み合わせのロジックとしてしまうような、

「試行錯誤でのプログラミング」は避けましょう。その代わりに、決定表で組み合わせのロジックを明らかにしましょう。

段階的詳細化

おおよその設計構造が決まったら、次に**ファイル単位の分割を行う**と良いでしょう。どのファイルで何をするのかを決めて、ファイル間のやりとり部分だけを実装してみます。ファイルの責務を決めて、ファイル間のインタフェースとなるスケルトン部分を作って、徐々に関数の内部を作り込んでいくという段階的詳細化がとても有効です。

まずは、基本形であるライン走行のファイル構造を振り返ってみます。

● 図 5.6　関数とファイルに入れ子にした設計図

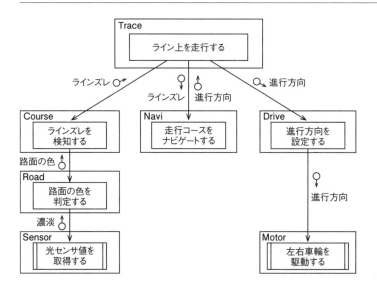

ライン走行機能では、7個のファイルから構成されています。それぞれのファイルに、関数が1つずつ入っている、とてもシンプルな構成です。

続いて、ファイル内部をブラックボックスにして、ファイル間の利用関係を示す図を見てみます。たった5つのモジュールで設計全体を見渡すことができます。BOSSモジュールがあって、STS分割されていることがわかり

ます。この構造を崩さないようにすることで、複雑さの増大を防ぎます。

● 図 5.7　ライン走行のファイル構造図

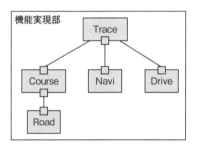

次にもっと大きな粒度で、フォルダ単位の図を作ってみます。次の図は、台形のラベルがついた最背面の箱（RoboApp、InputCtrl、NaviCtrl、OutputCtrl、DrvApi）がフォルダを表しています。

● 図 5.8　フォルダ単位の構造図

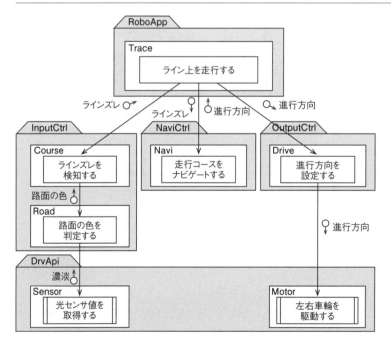

続いてフォルダをブラックボックス化したコンポーネント図を示します。アプリ層がRoboAppコンポーネント、ミドル層にInputCtrlコンポーネント、NaviCtrlコンポーネント、そしてOutputCtrlコンポーネントが並んでいます。そして、最下層のドライバとして、外部調達となるAPI関数や倒立走行モジュールが配置されます。レイヤー化アーキテクチャが明確に見えてきます。

● 図5.9 ライン走行のコンポーネント構造図

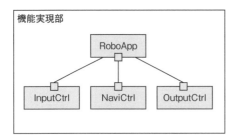

> **コラム**
>
> **反復的に作り込む**
>
> 　反復的とは、いきなり詳細を作るのではなく、まず骨格を作って、徐々に肉づけしていくことです。反復的に作り込むことで、技術的リスクが高い部分を開発の初期段階で試すことができ、かつ、長持ちする設計構造も開発の初期段階で決めることができます。お試し部分のプログラムは、使い捨てプロトタイプとならず、そのまま使えることも特徴です。手戻りが少なくなり、結果として、開発スピードが格段に向上します。

設計と実装を同期させる

　設計構造を理解した上で、その設計意図を崩さないように機能拡張をします。その際に、設計図を作りながら、ソースコードで確認していくような段階的詳細化が、とても有効です。すなわち、設計構造を作り、ファイル間のインタフェース部分だけ実装することで、設計構造の妥当性を検証する、

設計構造がほぼ固まった時点で、実装の詳細部を作り込む、という方法です。最初に設計構造を確認しているので、プログラミングは、ほぼ決まった実装を作り込むだけになります。これにより、プログラミング時に、設計を考えながら試行錯誤で作ることがなくなります。このような段階的詳細化を行うことで、手戻りが減り開発スピードが格段にアップします。

それでは、今回の仕様変更へのファイル分割を実施してみます。新規に作った3つの関数を、まずは1つファイルに入れて実装してみます。今回は、DrivingRobotコンポーネントとします。DrivingRobot.hファイルとDrivingRobot.cファイルを作ります。内部が空のまま、一度コンパイルすると良いでしょう。次に、ヘッダファイルに公開する関数を定義します。そして、下位層を呼び出す関数の一部を実装ファイル（.cファイル）に作って、ここでまたコンパイルします。これが設計の骨格、すなわちソースコードの

● 図 5.10　お買い物ロボットの暫定的ファイル分割

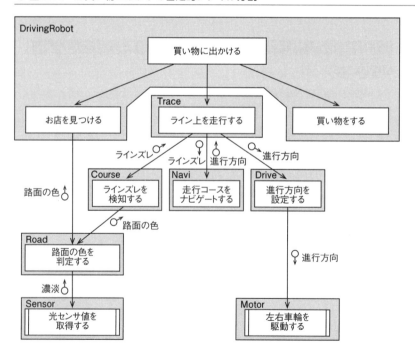

スケルトンになります。もちろん、この時点で、複数のファイルに分けてしまっても構いません。

ここでも、ファイルをブラックボックスにすることで、全体構造を俯瞰することができます。

● 図 5.11　お買い物ロボットの暫定的ファイル構造図

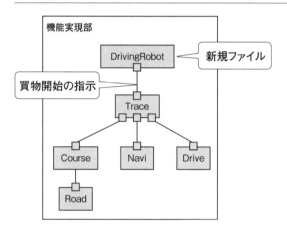

● コード例 5　DrivingRobot.h の骨格

```
/***********************************************************
 * ファイル名 : DrivingRobot.h [db]
 * 責務      : ドライブして買い物に行く
 * 作成日    : 2016.01.18
 * 作成者    : Kouzou-san
 ***********************************************************/
#ifndef DRIVING_ROBOT_H
#define DRIVING_ROBOT_H

/***********************************************************
 * extern関数宣言
 ***********************************************************/
extern void db_goShopping(void);

#endif /* DRIVING_ROBOT_H */
```

● コード例6　DrivingRobot.c の骨格

```
/************************************************************
 *  ファイル名 : DriveingRobot.c [db]
 *  責務      : ドライブして買い物に行く
 *  作成日    : 2016.01.18
 *  作成者    : Kouzou-san
 ************************************************************/
/*** 自ファイルのヘッダ ***/
#include "DrivingRobot.h"



/*** 公開関数 ******************************************/

/************************************************************
 *  関数名  : db_goShopping
 *  機能    : コース上のお店での買い物を開始する
 *  引数    : なし
 *  戻り値  : なし
 *  備考    :
 ************************************************************/
void db_goShopping(void)
{
    return;
}
```

　次に、DrivingRobot の持つべき状態を検討します。コース上を走行して、お店に着いたら買い物をする、ということなので、走行中と買物中という状態を作ります。状態の取りうる値を定義して、状態変数を作ります。状態変数を持つ頃で、そのファイルの責務が明らかになっていきます。

● コード例7　状態変数を作った DrivingRobot.c

```
/************************************************************
 *  ファイル名 : DriveingRobot.c [db]
 *  責務      : ドライブして買い物に行く
 *  作成日    : 2016.01.18
 *  作成者    : Kouzou-san
 ************************************************************/
/*** 自ファイルのヘッダ ***/
```

```c
#include "DrivingRobot.h"

/*************************************************************
 * 型
 *************************************************************/
/* 現在状態の定義 */
typedef enum {
    eDriving,               /* 走行中 */
    eShopping               /* 買物中 */
} CurrentState_t;

/*************************************************************
 * 変数
 *************************************************************/
static CurrentState_t    current_status;       /* 現在状態 */

/*** 公開関数 *************************************************/

/*************************************************************
 * 関数名 : db_goShopping
 * 機能   : コース上のお店での買物を開始する
 * 引数   : なし
 * 戻り値 : なし
 * 備考   :
 *************************************************************/
void db_goShopping(void)
{
    return;
}
```

　骨格ができたら、次にgoShopping関数の内部を作ります。表5.1の決定表の実装になります。1つの関数にすると、行数が長くなってスクロールしなければならなくなってしまったので、決定表のアクション部分を別関数としています。

　ここで、DrivingRobotの責務ではなさそうな機能が3つ必要になっています。

①コース状態から現在スポットを知ること

②ロボットを停止させること
③買物が終了したか判断すること

　これらは、他のコンポーネントの責務のはずなので、この時点では/* TBD */としておきます。TBDとは、ToBeDefinedの略で、まだ定義されていないことを意味しています。

● **コード例8　TBDコメントで処理の構想を描いたDrivingRobot.cの骨格**

```c
/*************************************************************
 * ファイル名 : DrivingRobot.c [db]
 * 責務       : ドライブして買い物に行く
 * 作成日     : 2016.01.18
 * 作成者     : Kouzou-san
 *************************************************************/
/*** 自ファイルのヘッダ ***/
#include "DrivingRobot.h"

/*************************************************************
 * 型
 *************************************************************/
/* 現在状態の定義 */
typedef enum {
    eDriving,               /* 走行中 */
    eShopping               /* 買物中 */
} CurrentState_t;

/*************************************************************
 * 変数
 *************************************************************/
static CurrentState_t    current_status;    /* 現在状態 */

/*************************************************************
 * 関数プロトタイプ宣言
 *************************************************************/
static void db_actDriving(Spot_t);
static void db_actShopping(Spot_t);

/*** 公開関数 ***********************************************/
/*************************************************************
 * 関数名 : db_goShopping
```

```
 * 機能    : コース上のお店での買い物を開始する
 * 引数    : なし
 * 戻り値  : なし
 * 備考    :
 ********************************************************/
void db_goShopping(void)
{
    Spot_t spot;      /* 現在スポット */

    /* コース状態から現在スポットを知る */
    /* TBD */

    switch (current_status) {
    case eDriving:          /* 走行中 */
        /* 現在スポットと現在状態から、動作を決める */
        /* 決定表に従って実装する */
        db_actDriving(spot);
        break;
    case eShopping:         /* 買物中 */
        /* 現在スポットと現在状態から、動作を決める */
        /* 決定表に従って実装する */
        db_actShopping(spot);
        /* 買い物が終了したかを問い合わせる */
        /* TBD */
        break;
    default:
        /* 何もしない */
        break;
    }
    /* ロボットを動かす */
    tr_run();
    return;
}
/*** 非公開関数 ***************************************/
/********************************************************
 * 関数名  : db_actDriving
 * 機能    : 走行中のときに、現在スポットでの動作を決める
 * 引数    : 現在スポット
 * 戻り値  : なし
 * 備考    :
 ********************************************************/
static void db_actDriving(Spot_t spot) {
    switch (spot) {
```

```c
        case eSpotRoad:
            /* 現在状態は変わらずに */
            /* ライン走行開始 */
            /* TBD */
            break;
        case eSpotShop:
            /* 現在状態を買い物中 */
            current_status = eShopping;
            /* 停止指示 */
            /* TBD */
            /* 買い物開始 */
            /* TBD */
            break;
        case eSpotHome:
            /* 動作完了 */
            /* TBD */
            break;
    }
    return;
}

/***********************************************************
 * 関数名 : db_actShopping
 * 機能   : 買い物中のときに、現在スポットでの動作を決める
 * 引数   : 現在スポット
 * 戻り値 : なし
 * 備考   :
 ***********************************************************/
static void db_actShopping(Spot_t spot) {
    switch (spot) {
    case eSpotRoad:
        /* 起こりえない */
        /* 何もしない */
        break;
    case eSpotShop:
        /* 現在状態は変わらずに */
        current_status = eShopping;
        /* 停止指示 */
        /* TBD */
        break;
    case eSpotHome:
        /* 動作完了 */
        /* TBD */
        break;
```

```
    }
    return;
}
```

次に、①コース状態から現在スポットを知ること、の実装を行います。

DrivingRobotコンポーネント内部に作成しても良いのですが、走行して買い物をするという上位の目的から見ると、コース状態から現在スポットを知ることは、その手段に位置づけられるので、別コンポーネントとします。今回はMarkerコンポーネントとすることで、Marker.hとMarker.cの骨格を作ります。公開する関数は、現在スポットを取得するということでmk_presentSpot関数とします。

● コード例 9　Marker.h の骨格

```
/***********************************************************
 * ファイル名 : Marker.h [mk]
 * 責務      : 道路のマーカを判断する
 * 作成日    : 2016.01.18
 * 作成者    : Kouzou-san
 ***********************************************************/
#ifndef MARKER_H
#define MARKER_H

/***********************************************************
 * extern関数宣言
 ***********************************************************/
extern Spot_t mk_presentSpot();

#endif /* MARKER_H */
```

● コード例 10　Marker.c の骨格

```
/***********************************************************
 * ファイル名 : Marker.c [mk]
 * 責務      : 道路のマーカをお店と判断する
 * 作成日    : 2016.01.18
 * 作成者    : Kouzou-san
```

```
/***************************************************/
/*** 自ファイルのヘッダ ***/
#include "Marker.h"


/*** 公開関数 ***************************************/
/****************************************************
 * 関数名   : mk_presentSpot
 * 機能     : 現在位置(スポット)を返す
 * 引数     : なし
 * 戻り値   : Spot_t spot;  現在のスポット
 * 備考     : なし
 ****************************************************/
void mk_presentSpot()
{
    return spot;
}
```

　骨格ができたら、次は、このコンポーネントが持つべきデータ(変数と定数)を考えます。現在スポットという概念を知っているはずなので、スポットを定義します。スポットとしては、「道」、「お店」、「家」、のいずれかが相当します。これは、上位コンポーネントでも使われるので、取りうる値のenum定義はヘッダファイルで行い、実際の変数は実装ファイルでカプセル化します。今回現在スポットは毎回取得するので、変数ではなく、関数の戻り値として実装します。変数としては、現在のお店の番号を保持する必要があります。また、お店が何箇所あるのかの定義も行います。

● コード例11　定数を定義したMarker.h

```
/****************************************************
 * ファイル名 : Marker.h [mk]
 * 責務       : 道路のマーカを判断する
 * 作成日     : 2016.01.18
 * 作成者     : Kouzou-san
 ****************************************************/
#ifndef MARKER_H
#define MARKER_H
```

5.3 ● 大局的な派生開発

```
/***********************************************
 *  型
 ***********************************************/
 /*  現在スポットの定義  */
typedef enum {
    eSpotRoad,              /*  道  */
    eSpotShop,              /*  店  */
    eSpotHome               /*  家  */
} Spot_t;

/***********************************************
 *  extern関数宣言
 ***********************************************/
extern Spot_t mk_presentSpot();

#endif /* MARKER_H */
```

● コード例 12　変数と定数を定義した Marker.c

```
/***********************************************
 * ファイル名 : Marker.c [mk]
 * 責務      : 道路のマーカをお店と判断する
 * 作成日    : 2016.01.18
 * 作成者    : Kouzou-san
 ***********************************************/
/*** 利用ファイルのヘッダ ***/
#include "../InputCtrl/Road.h"
/*** 自ファイルのヘッダ ***/
#include "Marker.h"


/***********************************************
 *  定数
 ***********************************************/
#define NUM_OF_SHOPS    (3)     /*  コース上のお店の数  */


/***********************************************
 *  変数
 ***********************************************/
static unsigned int    shop_number;   /*  現在のお店番号  */

/*** 公開関数 ************************************/
/***********************************************
```

```
 *  関数名   : presentSpot
 *  機能    : 現在位置(スポット)を返す
 *  引数    : なし
 *  戻り値   : Spot_t spot;  現在のスポット
 *  備考    : なし
 ******************************************************/
Spot_t mk_presentSpot()
{
    Spot_t spot = eSpotRoad;

    /* TBD */

    return spot;
}
```

次に、本コンポーネントで知っておくべき情報とコンポーネントではなく他のコンポーネントを利用する関数を定義します。今回は、白が3回連続したらお店とみなす、という仕様なので、お店を判断する白の回数として(3)という数字を定義をします。そして、コースの色を取得する関数を利用するので、その関数を持つRoadコンポーネントをインクルードします。また、この時点で変数の初期化をきちんと行います。初期化関数を作って、そこで変数を初期化すると、初期化漏れなどを減らすことができます。本書では、多くの箇所で初期化を省略していますが、初期化ミスは不具合に直結しますので、変数の初期化は忘れずに行ってください。

● コード例13　公開関数を宣言したMarker.h

```
/*****************************************************
 *  ファイル名 : Marker.h [mk]
 *  責務     : 道路のマーカを判断する
 *  作成日   : 2016.01.18
 *  作成者   : Kouzou-san
 ******************************************************/
#ifndef MARKER_H
#define MARKER_H

/*****************************************************
```

```
 * 型
 ***********************************************************/
/* 現在スポットの定義 */
typedef enum {
    eSpotRoad,              /* 道 */
    eSpotShop,              /* 店 */
    eSpotHome               /* 家 */
} Spot_t;

/***********************************************************
 * extern関数宣言
 ***********************************************************/
extern void mk_init(void);
extern Spot_t mk_presentSpot();

#endif /* MARKER_H */
```

● **コード例 14　内部で管理する変数と初期化関数を実装した Mark.c**

```
/***********************************************************
 * ファイル名 : Marker.c [mk]
 * 責務       : 道路のマーカをお店と判断する
 * 作成日     : 2016.01.18
 * 作成者     : Kouzou-san
 ***********************************************************/
/*** 利用ファイルのヘッダ ***/
#include "../InputCtrl/Road.h"
/*** 自ファイルのヘッダ ***/
#include "Marker.h"

/***********************************************************
 * 定数
 ***********************************************************/
#define NUM_OF_SHOPS    (3)     /* コース上のお店の数 */
#define SHOP_MARKER     (3)     /* お店と判断する白の回数 */

/***********************************************************
 * 変数
 ***********************************************************/
static unsigned int   shop_number;    /* 現在のお店番号 */
static unsigned int   mark_counter;   /* お店マーカの白の回数 */
```

```
/*** 公開関数 ***********************************************/
/************************************************************
 * 関数名   : mk_init
 * 機能    : 初期化処理
 * 引数    : なし
 * 戻り値   : なし
 * 備考    :
 ************************************************************/
void mk_init(void)
{
    shop_number = 0;
    mark_counter = 0;
    return;
}


/************************************************************
 * 関数名   : mk_presentSpot
 * 機能    : 現在位置(スポット)を返す
 * 引数    : なし
 * 戻り値   : Spot_t spot; 現在のスポット
 * 備考    : なし
 ************************************************************/
Spot_t mk_presentSpot()
{
    Spot_t spot = eSpotRoad;

    /* TBD */

    return spot;
}
```

最後に、関数内部の実装を行います。

● コード例15　現在位置を返す関数を実装したMarker.c

```
/************************************************************
 * ファイル名 : Marker.c [mk]
 * 責務     : 道路のマーカをお店と判断する
 * 作成日   : 2016.01.18
 * 作成者   : Kouzou-san
 ************************************************************/
```

```c
/*** 利用ファイルのヘッダ ***/
#include "../InputCtrl/Road.h"
/*** 自ファイルのヘッダ ***/
#include "Marker.h"

/***********************************************************
 * 定数
 ***********************************************************/
#define NUM_OF_SHOPS    (3)     /* コース上のお店の数 */
#define SHOP_MARKER     (3)     /* お店と判断する白の回数 */

/***********************************************************
 * 変数
 ***********************************************************/
static unsigned int    shop_number;    /* 現在のお店番号 */
static unsigned int    mark_counter;   /* お店マーカの白の回数 */

/*** 公開関数 **********************************************/
/***********************************************************
 * 関数名 : mk_init
 * 機能   : 初期化処理
 * 引数   : なし
 * 戻り値 : なし
 * 備考   :
 ***********************************************************/
void mk_init(void)
{
    shop_number = 0;
    mark_counter = 0;
    return;
}

/***********************************************************
 * 関数名 : mk_presentSpot
 * 機能   : 現在位置(スポット)を返す
 * 引数   : なし
 * 戻り値 : Spot_t spot; 現在のスポット
 * 備考   : なし
 ***********************************************************/
Spot_t mk_presentSpot()
{
    roadColor_t    color;     /* コースの色 */
    Spot_t spot = eSpotRoad;
```

```
    /* 道の色を取得 */
    color = rd_getRoadColor();

    if (color == eWhite) {
        ++mark_counter;
        if (mark_counter > SHOP_MARKER) {
            /* お店もしくは家に到着 */
            if (shop_number < NUM_OF_SHOPS) {
                /* お店に到着 */
                spot = eSpotShop;
                shop_number++;
            } else {
                /* 家に到着 */
                spot = eSpotHome;
                shop_number = 0;
            }
            mark_counter = 0;
        }
    } else {
        mark_counter = 0;
    }
    return spot;
}
```

これでMarkerコンポーネントは完成です。

次に、②ロボットを停止させること、を作ります。

これは、新規にコンポーネントを作るわけではなく、既にあるTraceコンポーネントが、走行の責務を持っているので、Traceを利用して停止させるように設計します。

しかし、今のTraceコンポーネントには、停止のインタフェースがありません。走行を開始したら、永遠にコースを回っているプログラムです。お店で買い物中に停止させるインタフェースを作る必要があります。

まずは、ロボットの状態として、停止中を管理すべきファイルを探します。今現在、ロボット状態を管理しているのはTraceであり、そこに停止中状態を追加しても、もともとの責務が増えるわけではないのでここで良さそうです。そこに、状態の取りうる値を1つ加える設計をします。設計の記述としては、データ辞書で状態の取りうる値を定義します。倒立ロボットなので、完全に停止するわけではなく「その場で倒立」という状態とします。

5.3 ● 大局的な派生開発

● 基本仕様のロボット状態のデータ辞書

ロボット状態 ＝ ［自己診断中｜走行中］

● 停止の責務を追加したロボット状態のデータ辞書

ロボット状態 ＝ ［自己診断中｜その場で倒立｜走行中］

　ソースコードの定義は、Trace.c内部に状態変数の取りうる値をenumで定義します。

● 基本仕様の状態変数の取りうる値の定義

```
typedef enum {
    eDiagnosis,         /* 自己診断中 */
    eRunning,           /* 走行中 */
} robotState_t;
```

● 停止を追加した状態変数の取りうる値の定義

```
typedef enum {
    eDiagnosis,         /* 自己診断中 */
    eStanding,          /* その場で倒立 */
    eRunning,           /* 走行中 */
} robotState_t;
```

　これで、Traceに「停止する」という責務を追加できました。
　次に、停止指示のインタフェースを作ります。
　基本仕様では、run関数で、ロボットを駆動するインタフェースのみでした。仕様変更後は、走行開始の指示と停止の指示をするインタフェースを作ります。その指示をしておいて、20msec毎に、ロボットの駆動を行う、という手順で、ロボットを動かします。

ソースコードとしては、まずヘッダファイル（Trace.h）に公開するインタフェースをextern宣言します。今回はtr_start関数とtr_stop関数を公開します。

● **コード例 16　基本仕様の Trace.h**

```
/***********************************************************
 * ファイル名 : Trace.h
 * 責務       : コースを走行する
 * 作成日     : 2016.01.18
 * 作成者     : Kouzou-san
 ***********************************************************/
#ifndef TRACE_H
#define TRACE_H

/***********************************************************
 * extern関数宣言
 ***********************************************************/
extern void     tr_run(void);           /* ロボット駆動(20msec) */

#endif /* TRACE_H */
```

● **コード例 17　仕様変更後の Trace.h**

```
/***********************************************************
 * ファイル名 : Trace.h
 * 責務       : コースを走行する
 * 作成日     : 2016.01.18
 * 作成者     : Kouzou-san
 ***********************************************************/
#ifndef TRACE_H
#define TRACE_H

/***********************************************************
 * extern関数宣言
 ***********************************************************/
extern void     tr_run(void);           /* ロボット駆動(20msec) */
extern void     tr_start(void);         /* 走行開始の指示 */
extern void     tr_stop(void);          /* 停止の指示 */

#endif /* TRACE_H */
```

ここで、ひとつ気になる命名が出現しました。tr_run関数です。tr_start関数とtr_stop関数ができたことで、tr_run関数の位置づけが怪しくなっています。runという名称なので、走行する、という意味があるのかと思いきや、実は20msec周期に呼び出されている関数です。意味的なrunというよりは、起動の仕組みという位置づけが大きいので、無機質な名称であるtr_main関数もしくはtr_cyclic関数という名称のほうが似合います。今回は20msecの周期起動を意識できるtr_cyclic関数という名称にします。

　このような、1つの関数しかない基本仕様時は気にならなかった名称が、他の関数名が決まってくるとふさわしくない、ということもよく発生します。ファイルに関数や変数を追加したときは、他の関数名や変数名とのバランスを考慮して名称を洗練化させることも大切です。

コラム

名前付けに絶対解はない

　この例のように、最初はtr_runという名称で違和感がなかった名称が、tr_startとtr_stopに囲まれてしまうと、とたんにその名称の怪しさが浮き立つ場合があります。

　名前決めは、コンパイラはワーニングを出してくれません。ですので、人が良し悪しを決めるものです。

　よく、「このファイル（関数／変数）の名前は何がいいですか？」という質問を受けますが、それを決めることが設計です。そして、そのファイル（関数／変数）自体の責務と、周囲のファイル（関数／変数）とのバランスを見て「十分に良い」という名称を決めることを推奨します。名前付けを他人依存にしていたら、設計力の向上は望めません。他の人にレビューしてもらう、類似語辞典を使う、などの工夫をして、多くの人が納得できる「十分に良い」名称を探求してください。

　また、名称はシンメトリにすると、エレガントになります。startが来たら、stopが来る、という対称形は美しいプログラムに直結します。

● コード例 18　関数名を見直した Trace.h

```
/************************************************************
 * ファイル名 : Trace.h
 * 責務      : コースを走行する
 * 作成日    : 2016.01.18
 * 作成者    : Kouzou-san
 ************************************************************/
#ifndef TRACE_H
#define TRACE_H

/************************************************************
 * extern関数宣言
 ************************************************************/
extern void     tr_cyclic(void);        /* ロボット駆動(20msec) */
extern void     tr_start(void);         /* 走行開始の指示 */
extern void     tr_stop(void);          /* 停止の指示 */

#endif /* TRACE_H */
```

次に、実装ファイル（Trace.c）に関数の実体を記述します。走行開始の指示と停止の指示は、それぞれ現在状態を遷移させる関数となります。そして、その状態を考慮してtr_cyclic関数が実際にロボットを動作させます。

● コード例 19　走行開始を指示する tr_start 関数

```
/************************************************************
 * 関数名 : tr_start
 * 機能   : 走行状態へ移行する
 * 引数   : なし
 * 戻り値 : なし
 * 備考   :
 ************************************************************/
void tr_start(void)
{
    switch (current_state) {
    case eDiagnosis:        /* 自己診断中 */
        /* 走行可能状態へ移行 */
        current_state = eRunning;
        break;
    case eStanding:         /* その場で倒立 */
```

```
        /* 走行可能状態へ移行 */
        current_state = eRunning;
    case eRunning:            /* 走行中 */
        /* 何もしない */
        break;
    default:
        /* 何もしない */
        break;
    }
    return;
}
```

● **コード例20　停止を指示するtr_stop関数**

```
/***********************************************************
 * 関数名 ： tr_stop
 * 機能   ： その場で停止させる状態へ移行する
 * 引数   ： なし
 * 戻り値 ： なし
 * 備考   ：
 ***********************************************************/
void tr_stop(void)
{
    switch (current_state) {
    case eDiagnosis:          /* 自己診断中 */
        /* 何もしない */
        break;
    case eStanding:           /* その場で倒立 */
        /* 何もしない */
    case eRunning:            /* 走行中 */
        /* その場で停止へ移行 */
        current_state = eStanding;
        break;
    default:
        /* 何もしない */
        break;
    }
    return;
}
```

ロボットを動作させるtr_run関数も少し変わります。現在状態に従って、

その場で倒立の場合は、tr_StopCourse関数を呼び出し、走行中の場合はtr_traceCourse関数を呼び出します。

● **コード例 21　現在状態に従ってロボットを動作させる tr_cyclic 関数（旧 tr_run 関数）**

```
/************************************************************
 * 関数名　: tr_cyclic
 * 機能　　: ロボットを駆動する(自己診断後、コースを走行)
 * 引数　　: なし
 * 戻り値　: なし
 * 備考　　: 20msec毎に起動される
 ************************************************************/
void tr_cyclic(void)
{
    switch (current_state) {
    case eDiagnosis:        /* 自己診断中 */
        /* 何もしない */
        break;
    case eStanding:         /* その場で倒立 */
        /* 停止する */
        tr_stopCourse();
    case eRunning:          /* 走行中 */
        /* 走行する */
        tr_traceCourse();
        break;
    default:
        /* 何もしない */
        break;
    }
    return;
}
```

tr_stopCourse関数は、Driveの停止させる関数を呼び出すだけです。

● **コード例 22　非公開関数の tr_stopCourse 関数**

```
/************************************************************
 * 関数名　: tr_stopCourse
 * 機能　　: コース上で停止する
 * 引数　　: なし
```

```
 *  戻り値 :  なし
 *  備考   :
 ***********************************************/
static void tr_stopCourse(void)
{
    dr_stop();              /*  その場で倒立する  */

    return;
}
```

このように、何らかの機能が、従来のファイルへ追加となるときは、まず、変数の追加を検討します。今回は、状態変数を追加します。これで、ファイルの責務が明確になります。

次に、その機能を実行するためのインタフェースを追加します。今回の場合は、走行開始の指示と停止の指示のインタフェースを追加します。

最後に、インタフェースの実装となる関数を作成します。

次に、呼び出し側も変える必要があります。

基本仕様の場合は、走行するだけだったので、tr_run関数を呼び出すだけでした。

● コード例23　基本仕様での呼び出し側ソースコード

```
/***********************************************
 *  関数名  :  sc_traceMain
 *  機能    :  コース走行タスクのメイン関数
 *  引数    :  なし
 *  戻り値  :  なし
 *  備考    :  20ミリ秒周期
 ***********************************************/
void sc_traceMain(void)
{
    tr_run();
    return;
}
```

停止インタフェースを作ったので、走行開始の指示をしてから、tr_run

関数を呼び出す、というように手順が変わっています。また、tr_run関数自体もtr_cyclic関数に変わっています。

● **コード例 24 インタフェースが変わったときの呼び出し側ソースコード**

```
/*************************************************************
 * 関数名  : sc_traceMain
 * 機能    : コース走行タスクのメイン関数
 * 引数    : なし
 * 戻り値  : なし
 * 備考    : 20ミリ秒周期
 *************************************************************/
void sc_traceMain(void)
{
    tr_start();         /* 走行開始の指示 */
    tr_cyclic();        /* ロボットの駆動 */
    return;
}
```

この手順で修正することが、設計図とソースコードを同期させる1つの原則でもあります。

①ファイルの責務を拡張する
②ファイル間のやり取りのインタフェースを決める
③関数の実装を行う
④呼び出し側の手順をインタフェースに合わせる

Traceの最終ソースコードを掲載します。

● **コード例 25 停止の機能を追加した Trace.h のソースコード**

```
/*************************************************************
 * ファイル名 : Trace.h
 * 責務       : コースを走行する
 * 作成日     : 2016.01.18
 * 作成者     : Kouzou-san
 *************************************************************/
```

```c
#ifndef TRACE_H
#define TRACE_H

/************************************************************
 * extern関数宣言
 ************************************************************/
extern void     tr_cyclic(void);    /* ロボット駆動(20msec) */
extern void     tr_start(void);     /* 走行開始の指示 */
extern void     tr_stop(void);      /* 停止の指示 */

#endif /* TRACE_H */
```

● コード例 26　停止の機能を追加した Trace.c のソースコード

```c
/************************************************************
 * ファイル名 : Trace.c [tr]
 * 責務       : コースを走行する
 * 作成日     : 2016.01.18
 * 作成者     : Kouzou-san
 ************************************************************/
/*** 利用ファイルのヘッダ ***/
#include "../InputCtrl/Course.h"
#include "../OutputCtrl/Drive.h"
#include "../NaviCtrl/Navi.h"

/*** 自ファイルのヘッダ ***/
#include "Trace.h"

/************************************************************
 * 型
 ************************************************************/
typedef enum {
    eDiagnosis,         /* 自己診断中 */
    eStanding,          /* その場で倒立 */
    eRunning,           /* 走行中 */
} robotState_t;

/************************************************************
 * 変数
 ************************************************************/
static robotState_t     current_state;

/************************************************************
```

```c
 *  関数プロトタイプ宣言
 ***********************************************************/
static void     tr_traceCourse(void);
static void     tr_stopCourse(void);

/*** 公開関数 ********************************************/
＜初期化関数は省略＞

/***********************************************************
 *  関数名 : tr_cyclic
 *  機能   : ロボットを駆動する(自己診断後、コースを走行)
 *  引数   : なし
 *  戻り値 : なし
 *  備考   : 20msec毎に起動される
 ***********************************************************/
void tr_cyclic(void)
{
    switch (current_state) {
    case eDiagnosis:        /* 自己診断中 */
        /* 何もしない */
        break;
    case eStanding:         /* その場で倒立 */
        /* 停止する */
        tr_stopCourse();
    case eRunning:          /* 走行中 */
        /* 走行する */
        tr_traceCourse();
        break;
    default:
        /* 何もしない */
        break;
    }
    return;
}

/***********************************************************
 *  関数名 : tr_start
 *  機能   : 走行状態へ移行する
 *  引数   : なし
 *  戻り値 : なし
 *  備考   :
 ***********************************************************/
void tr_start(void)
{
```

```c
    switch (current_state) {
    case eDiagnosis:            /* 自己診断中 */
        /* 走行可能状態へ移行 */
        current_state = eRunning;
        break;
    case eStanding:             /* その場で倒立 */
        /* 走行可能状態へ移行 */
        current_state = eRunning;
    case eRunning:              /* 走行中 */
        /* 何もしない */
        break;
    default:
        /* 何もしない */
        break;
    }
    return;
}

/***********************************************************
 * 関数名 : tr_stop
 * 機能   : その場で停止させる状態へ移行する
 * 引数   : なし
 * 戻り値 : なし
 * 備考   :
 ***********************************************************/
void tr_stop(void)
{
    switch (current_state) {
    case eDiagnosis:            /* 自己診断中 */
        /* 何もしない */
        break;
    case eStanding:             /* その場で倒立 */
        /* 何もしない */
    case eRunning:              /* 走行中 */
        /* その場で停止へ移行 */
        current_state = eStanding;
        break;
    default:
        /* 何もしない */
        break;
    }
    return;
}
```

```
/*** 非公開関数 ******************************************/
/************************************************************
 * 関数名 : tr_traceCourse
 * 機能   : コースをトレースしながら走行する
 * 引数   : なし
 * 戻り値 : なし
 * 備考   :
 ************************************************************/
static void tr_traceCourse(void)
{
    diffCourse_t        diff;           /* コースとのズレ */
    directionVector_t   drct;           /* 進行方向 */

    diff = cs_detectDifference();       /* ズレを検出する */
    drct = nv_naviCourse(diff);         /* 進行方向を決める */
    dr_move(drct);                      /* 進行方向に進む */

    return;
}

/************************************************************
 * 関数名 : tr_stopCourse
 * 機能   : コース上で停止する
 * 引数   : なし
 * 戻り値 : なし
 * 備考   :
 ************************************************************/
static void tr_stopCourse(void)
{
    dr_stop();                          /* その場で倒立する */

    return;
}
```

次に、③買物が終了したか判断すること、を実装します。

今回の要求では、実際に買い物をするわけではなく、一定時間待つ、という仕様になっています。

こちらも別コンポーネントとして、まずは骨格を作ります。別コンポーネントにすることで、一定時間待つ、のではなく、実際に買い物をする、に近い要求になっても、このコンポーネントを置換するだけで対応できます。

買い物を開始する関数と買い物が終了したかを返す関数を公開します。

● **コード例27　Shopping.h の骨格**

```
/***********************************************************
 * ファイル名  : Shopping.h [sh]
 * 責務       : 買い物をする(一定時間待ち)
 * 作成日     : 2016.01.18
 * 作成者     : Kouzou-san
 ***********************************************************/
#ifndef SHOPPING_H
#define SHOPPING_H

/***********************************************************
 * 型
 ***********************************************************/
typedef enum {
    eFALSE,    /* 偽 */
    eTRUE      /* 真 */
} bool_t;

/***********************************************************
 * extern関数宣言
 ***********************************************************/
extern void    sh_entryShopping(void);
extern bool_t  sh_doneShopping(void);

#endif /* SHOPPING_H */
```

● **コード例28　Shopping.c の骨格**

```
/***********************************************************
 * ファイル名  : Shopping.c [sh]
 * 責務       : 買い物をする(一定時間待ち)
 * 作成日     : 2016.01.18
 * 作成者     : Kouzou-san
 ***********************************************************/
/*** 自ファイルのヘッダ ***/
#include "Shopping.h"

/*** 公開関数 ************************************************/
/***********************************************************
```

```
 *  関数名   : sh_entryShopping
 *  機能     : 買い物を開始する
 *  引数     : なし
 *  戻り値   : なし
 *  備考     : 買い物時間のタイマー設定
 **********************************************************/
void sh_entryShopping(void)
{
    return;
}

/**********************************************************
 *  関数名   : sh_doneShopping
 *  機能     : 買い物が完了したか
 *  引数     : なし
 *  戻り値   : bool_t  買い物完了
 *  備考     :
 **********************************************************/
bool_t sh_doneShopping(void) {
    bool_t done;      /* 買い物時間が経過したらTRUE */

    /* TBD */

    return done;
}
```

　この例では、2値のTRUE/FALSEを返すBOOLを使っています。BOOLは、問い合わせ関数でisShoppingDoneといった名称になることもあります。問い合わせ関数は、他のコンポーネントがそれを見て動く作りになることも、責務分割を破壊する危険性もあるため、多用は禁物です。今回の例では、他のコンポーネントの内部情報を知って動くのではなく、ポーリング的に買い物が終わったかを問い合わせるものであり問題はないといえます。

　次に、関数の実装を行います。一定時間をセットして、それをカウントダウンして買い物終了を判断することになります。ヘッダファイルは、骨格時に作成したものと完成したものとまったく変わりがありません。インタフェースと実装の分離ができていると、骨格時でインタフェースは完成していることもあります。

5.3 大局的な派生開発

● コード例 29　完成した Shopping.h

```
/***********************************************************
 * ファイル名 : Shopping.h [sh]
 * 責務       : 買い物をする(一定時間待ち)
 * 作成日     : 2016.01.18
 * 作成者     : Kouzou-san
 ***********************************************************/
#ifndef SHOPPING_H
#define SHOPPING_H

/***********************************************************
 * 型
 ***********************************************************/
typedef enum {
    eFALSE,     /* 偽 */
    eTRUE       /* 真 */
} bool_t;


/***********************************************************
 * extern関数宣言
 ***********************************************************/
extern void    sh_entryShopping(void);
extern bool_t  sh_doneShopping(void);

#endif /* SHOPPING_H */
```

● コード例 30　完成した Shopping.c

```
/***********************************************************
 * ファイル名 : Shopping.c [sh]
 * 責務       : 買い物をする(一定時間待ち)
 * 作成日     : 2016.01.18
 * 作成者     : Kouzou-san
 ***********************************************************/
/*** 利用ファイルのヘッダ ***/

/*** 自ファイルのヘッダ ***/
#include "Shopping.h"


/***********************************************************
 * 定数
 ***********************************************************/
```

```c
#define SHOPPING_TIME    (5000/20)      /* 5秒(20msec周期で) */

/***********************************************************
 * 変数
 ***********************************************************/
static unsigned int     remain_time;    /* 買い物の残り時間 */

/*** 公開関数 **********************************************/
/***********************************************************
 * 関数名 : sh_init
 * 機能   : 初期化処理
 * 引数   : なし
 * 戻り値 : なし
 * 備考   :
 ***********************************************************/
void sh_init(void)
{
    remain_time = 0;
    return;
}

/***********************************************************
 * 関数名 : sh_term
 * 機能   : 終了処理
 * 引数   : なし
 * 戻り値 : なし
 * 備考   :
 ***********************************************************/
void sh_term(void)
{
    return;
}

/***********************************************************
 * 関数名 : sh_entryShopping
 * 機能   : 買い物を開始する
 * 引数   : なし
 * 戻り値 : なし
 * 備考   : 買い物時間のタイマー設定
 ***********************************************************/
void sh_entryShopping(void)
{
    remain_time = SHOPPING_TIME;
    return;
```

```
}
/***********************************************************
 * 関数名   : sh_doneShopping
 * 機能     : 買い物が完了したか
 * 引数     : なし
 * 戻り値   : bool_t 買い物完了
 * 備考     :
 ***********************************************************/
bool_t sh_doneShopping(void) {
    bool_t done;     /* 買い物時間が経過したらTRUE */

    remain_time--;
    if (remain_time <= 0) {
        done = eTRUE;
    } else {
        done = eFALSE;
    }

    return done;
}
```

最後に、もう一度トップのBOSSモジュールを見ていきます。他のコンポーネントを利用する未定義の部分/* TBD */のインタフェースが決まったので、それを埋め込みます。また、Traceコンポーネントのインタフェースが変わったので、tr_run関数をtr_cyclic関数に変更します。

● **コード例31 完成したDrivingRobot.h**

```
/***********************************************************
 * ファイル名 : DrivingRobot.h [db]
 * 責務       : ドライブして買い物に行く
 * 作成日     : 2016.01.18
 * 作成者     : Kouzou-san
 ***********************************************************/
#ifndef DRIVING_ROBOT_H
#define DRIVING_ROBOT_H

/***********************************************************
 * extern関数宣言
```

```
 *************************************************/
extern void db_goShopping(void);

#endif /* DRIVING_ROBOT_H */
```

● コード例32　完成した DrivingRobot.c

```
/**********************************************************
 *  ファイル名 : DriveingRobot.c [db]
 *  責務      : ドライブして買い物に行く
 *  作成日    : 2016.01.18
 *  作成者    : Kouzou-san
 **********************************************************/
/*** 利用ファイルのヘッダ ***/
#include "Marker.h"
#include "../Middleware/Trace.h"
#include "Shopping.h"
/*** 自ファイルのヘッダ ***/
#include "DrivingRobot.h"

/**********************************************************
 *  型
 **********************************************************/
/* 現在状態の定義 */
typedef enum {
    eDriving,             /* 走行中 */
    eShopping             /* 買物中 */
} CurrentState_t;

/**********************************************************
 *  変数
 **********************************************************/
static CurrentState_t    current_status;    /* 現在状態 */

/**********************************************************
 *  関数プロトタイプ宣言
 **********************************************************/
static void db_actDriving(Spot_t);
static void db_actShopping(Spot_t);

/*** 公開関数 *********************************************/
/**********************************************************
```

```
 *  関数名  :  db_goShopping
 *  機能    :  コース上の店での買い物を開始する
 *  引数    :  なし
 *  戻り値  :  なし
 *  備考    :
 ********************************************************/
void db_goShopping(void)
{
    Spot_t spot;              /* 現在スポット */

    /* コース状態から現在スポットを知る */
    spot = mk_presentSpot();

    switch (current_status) {
    case eDriving:            /* 走行中 */
        /* 現在スポットと現在状態から、動作を決める */
        /* 決定表に従って実装する */
        db_actDriving(spot);
        break;
    case eShopping:           /* 買物中 */
        /* 現在スポットと現在状態から、動作を決める */
        /* 決定表に従って実装する */
        db_actShopping(spot);
        /* 買い物が終了したかを問い合わせる */
        if (sh_doneShopping() == eTRUE) {
            current_status = eDriving;
        }
        break;
    default:
        /* 何もしない */
        break;
    }
    /* ロボットを動かす */
    tr_cyclic();

    return;
}

/*** 非公開関数 ***************************************/
/********************************************************
 *  関数名  :  db_actDriving
 *  機能    :  走行中のときに、現在スポットでの動作を決める
 *  引数    :  現在スポット
 *  戻り値  :  なし
```

```c
 *  備考    :
 ***********************************************************/
static void db_actDriving(Spot_t spot) {
    switch (spot) {
    case eSpotRoad:
        /* 現在状態は変わらずに */
        /* ライン走行開始 */
        tr_start();
        break;
    case eSpotShop:
        /* 現在状態を買物中 */
        current_status = eShopping;
        /* 停止指示 */
        tr_stop();
        /* 買い物開始 */
        sh_entryShopping();
        break;
    case eSpotHome:
        /* 動作完了 */
        tr_stop();
        break;
    }
    return;
}

/***********************************************************
 *  関数名  : db_actShopping
 *  機能    : 買物中のときに、現在スポットでの動作を決める
 *  引数    : 現在スポット
 *  戻り値  : なし
 *  備考    :
 ***********************************************************/
static void db_actShopping(Spot_t spot) {
    switch (spot) {
    case eSpotRoad:
        /* 起こりえない */
        /* 何もしない */
        break;
    case eSpotShop:
        /* 現在状態は変わらずに */
        current_status = eShopping;
        /* 停止指示 */
        tr_stop();
        break;
```

```
        case eSpotHome:
            /* 動作完了 */
            tr_stop();
            break;
        }
        return;
}
```

　これで、3つのコンポーネントが追加され、Trace コンポーネントのインタフェースが変更となりました。これで仕様変更への対応は完成です。

　次に、粒度をさらに上げてフォルダ単位の設計をします。今までアプリ層だった、「ライン上を走行する」がミドル層に代わります。Middleware というフォルダを新規に作り、その中に Trace.h と Trace.c を移動します。ヘッダファイルのインクルードパスが変わるので、その部分はソースコードの変更が必要です。ただし、それも機械的にできるので、不具合が入り込む余地はほぼありません。

　そして、アプリ層の RoboApp フォルダに DrivingRobot.h と DrivingRobot.c ファイルを置きます。これで、コンポーネント設計は完了です。

コラム

TBD箇所こそ包括的サマリーを作れ

　114ページのコード例8で、「TBDコメントで処理の構想を描いたDrivingRobot.cの骨格」の例を紹介しました。この例の中のTBDの箇所は、すべて「停止を指示する」「買い物を開始する」「買い物が終了したかを問い合わせる」「動作を完了する」のように、「〜を〜する」形式で、そこに何を入れたいかの包括的サマリーを作ってあります。これが大事です。具体的に決まっていないTBD箇所こそ、そこに何を入れたいかを決めて、それをひとことで表す包括的サマリーを作っておくことが重要なのです（4ページのコラム「コメントも包括的サマリーで」、71ページのコラム「機能の表現方法をうまく使い分けよう」も参照ください）。

● 図 5.12　お買い物ロボットのフォルダとファイルの関係

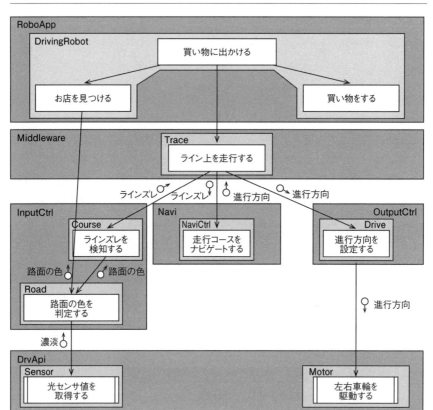

　ここまでで、DrivingRobotとTraceの新たなフォルダ位置が決まりました。これを元に、フォルダをブラックボックスにしたコンポーネント図を作成します。

● 図5.13　買い物ロボットの設計構想（フォルダ構造）

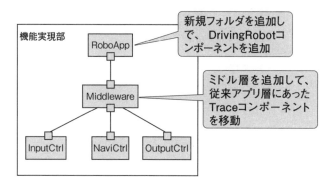

次に、追加したMarker、Shoppingについては、ファイル構造図で振り返ります。

● 図5.14　買い物ロボットの設計構想（ファイル構造）

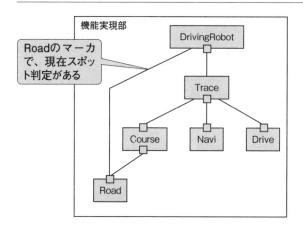

買い物機能を実現するためには、マーカで白が3回続いたらお店とみなす部分、すなわちスポット判定関数が必要でした。117ページで議論した通り、スポット判定関数はDrivingRobotコンポーネントにはふさわしくないので、Markerに実装し、DrivingRobotからは切り離しています。

● 図5.15 スポット判定部を別ファイル化した設計

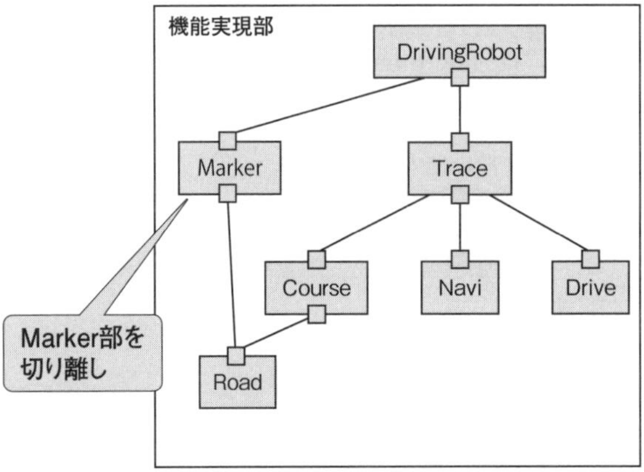

また、買物処理部もDrivingRobotからは切り離しています。

このように、別ファイル化しながら、ファイル間インタフェース部分だけを実装し、設計構造を確認します。その後、関数の内部を作っていくことで、設計と実装を同期させた開発ができます。

● 図5.16 買物動作部を別ファイル化した設計

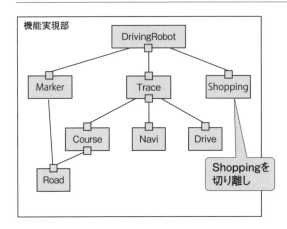

5.3.1 仕様変更に対応したソースコード

今までの設計の結果、完成したソースコードを紹介します。機能実現部だけですが、フォルダ構成は次のようになっています。

● 図 5.17　お買い物ロボットのフォルダ構成とソースコード

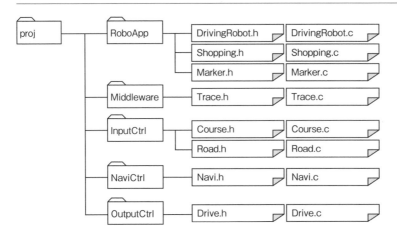

Chapter 6 7つの設計指針

　この章では、開発現場で使える7つの設計指針と16個の要点を紹介します。この設計指針のいくつかを活用することで、シンプルで美しいソースコードを設計することに加えて、全体構造としてのアーキテクチャ設計も上手にできるようになります。それぞれについて詳しく見ていきます。

6.1　単一責務

　モジュールは「単一責務」といって、1つの目的を持つ単位に分割することで、どこで何をするのかが設計図で明確になります。管理しやすい単位への分割は「**分割統治**」または「**関心事の分離**」と呼びます。複雑で入り組んでいる開発対象を、明快で単一な目的を持つモジュール単位に分割して、そのモジュールの連携で動作するようにすることがソフトウェア設計の第一歩です。また、モジュールに分割することで、開発対象とする、しないが、具体的になっていきます。すなわち、システムの適用範囲(スコープ)も明確にすることができます。

● 図6.1　単一責務とは？

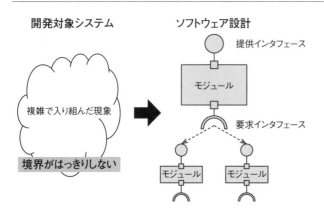

6.1.1　WHATの名称

　ソフトウェア設計とは、複雑な対象を管理しやすい単位に分割して、構造化して、設計図として表現する、ことです。管理しやすくするためには、モジュールの名前をわかりやすくすることが大切です。モジュールの名前を見て、何をしているのかがわかれば、内部の詳細を見なくても、プログラムの概要を理解できます。

　名前付けのポイントは、**問題ドメインの名称を使うこと**です。問題ドメインとは、プログラムが解決すべき開発対象システムのことです。すなわち、開発対象システムの言葉を使って、ソフトウェアモジュールの名前を決めることになります。問題ドメインの言葉で、「何を」するのか、という視点で名前を付けます。それを**WHATの名称**と呼びます。WHAT名称ではないものは、ソフトウェアドメインの言葉を使ったものです。それらは**HOWの名称**と呼びます。

　典型的なWHATの名称とHOWの名称の一覧を示します。

● 表 6.1　典型的な WHAT の名称と HOW の名称の一覧

WHATの名称	HOWの名称
ライン走行ロボット	アプリメイン
ラインズレを検知する	制御マネージャ
左右車輪を制御する	ハードウェアドライバ
経過時間を計測する	コモンライブラリ

　機能であれば、「〜を〜する」という「ひとこと」で表現できること、変数や責務であれば、その使命を、同様に「ひとこと」で表現できることが理想です。第1章の「包括的サマリー」も思い出してください。

● 図 6.2　WHAT の名称

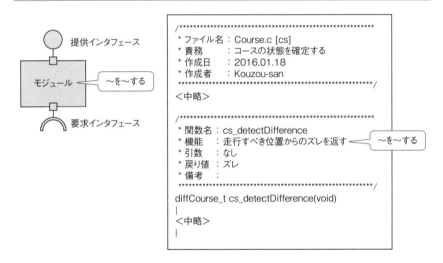

　また、HOWの名称について、「〜メイン」や「〜マネージャ」というような名称を付けてしまうと、責務が明確ではなく、何でも屋さんになってしまいます。その結果、そのモジュールは、どんどん肥大化する傾向にあります。明確な責務を持つ名前であれば、その責務にふさわしくない機能が追加されそうになると、違和感があるはずです。「このモジュールが、そのような機能を持って良いの？」という違和感です。そのような場合は、モジュールを2つに分けて、それぞれにふさわしい名称を付けます。

6.1.2 カプセル化

　変数をモジュール内部へ**カプセル化**することで、問題を局所化することができます。また、局所的な修正も、その影響範囲をモジュール内部に閉じるので、副作用が生じにくくなり、品質の安定につながります。

　ソースコードでは、static宣言することで、ファイル内にカプセル化できます。変数は、そのファイル内部でしか使われていないので、検索して利用箇所を探す手間が大幅に削減できます。また、どの関数がどの変数を使っているのかを構造図で明示的にしておけば、そもそも検索工数が不要になり、開発スピードも向上します。

● 図 6.3　static 宣言で変数をカプセル化する

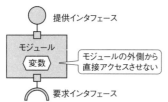
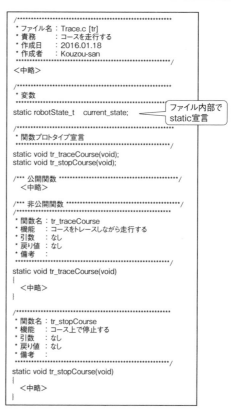

6.1.3 入口1つ出口1つ

　モジュールは、**入口と出口をそれぞれ1箇所ずつ持つように作る**ことが原則です。入口が1つなのに、出口が2つ（あるいは複数）あるようなモジュールは、複数の目的を持っている危険性があります。出口の前の機能と後の機能で、実は異なる目的の処理をしていることが予測されます。

　関数の例で見てみましょう。関数では入口は1箇所です。出口はreturnであり、普通は関数の最後にあります。途中のreturn前の「処理1」とその後の「処理2」を、それぞれ別モジュールにしたほうが適切です。そして「処理1」の結果により、「処理2」を実行するか、実行しないかの判断モジュールをBOSSモジュールとして作ります。BOSSモジュールの判定文が、元の関数の判定文と異なる場合があるので、そこは注意が必要です。

　そもそも、このような「入口1つ出口複数」の関数は、単体テストの事後条件（テストの期待結果）の特定が困難になりますので、単体レベルでの品質確保が先送り（すなわち結合テスト時）になってしまいます。

　途中でreturnするようなモジュールを作ってはいけません。関数の入口で引数をチェックして、引数が範囲外であれば、すぐにreturnするのはOKです。しかし、処理があって、その後の判定文でreturnするようなモジュールはいけません。

● 図6.4　入口1つ出口複数の設計改善

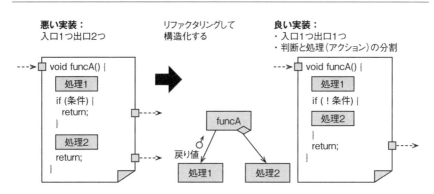

- returnの前後で関数に分割する
- 「入口1つ出口1つ」が原則
  - 同一ブロックに複数のreturnやbreakを置かない

6.2 データ設計ファースト

プログラムのロジックよりも、そこに存在する変数のほうが、長持ちすることが多いです。プログラムのロジックは人為的かつ属人的であるのに対して、変数は問題ドメインを反映しているからです。組込み系の開発では、モードや状態という目に見えない概念もしくはデータ変換のための中間データのような必要なデータを先に洗い出すことで、長持ちするモジュール分割および設計構造を作り出すことができます。

また、最近では、音楽データや画像データのような大きなデータを変換する組込みソフトウェアも増えてきました。このような場合には、入出力データや、変換のための中間データの構造は機能の根幹を支えるものとなりますので、やはりデータ設計が重要となります。

6.2.1 本質データ

データ設計の第一歩は、ソフトウェアで取り扱う本質的なデータ項目を抽出することです。候補としては以下が挙げられます。

- ソフトウェアへの入出力データ項目
- 入力を出力に変換するための中間データ項目
- モードや状態

ソフトウェアへの入出力データ項目は、ソフトウェアの機能要求の本質を示すものです。同様に、入力を出力に変換するための中間データ項目は、機能の内部設計の本質を示すものです。これらは本質的で長持ちする変数の候補となります。また、筆者の経験によれば、入出力データ項目がわかると、わからない場合に比べて、機能の詳細が格段に「想像」がつきやすくなります。その意味でも、入出力データ項目の明確化は開発において効果があります。

モードや状態も変数として実装します。モードや状態も本質的で長持ちする変数の候補となります。設計時には、状態遷移図まで書いても良いの

ですが、データ辞書でモードや状態の取りうる値を定義するだけでもかなり効果があることが多いです。取りうる値を挙げることで、その変数が実現する機能、すなわちWHATが明確になるからです。そして、そのモード変数や状態変数を中心にモジュール化すれば、モジュールの責務も単一、かつ、明快になります。

さて、意外に思われるかもしれませんが、変数設計時の注意点は、モジュール設計時の注意点とそっくりです。これらを意識して変数を設計していきましょう。

- 単一責務：原則として1つの変数は1つの目的を果たす
- 命名：イメージ、区別しやすい言葉で命名

ここで、状態変数の抽出の例を1つ見ていきましょう。ここでは、今回のロボットの例に「障害物があった場合に停止する」という新たな要求仕様を追加する場面を考えます。その際、この仕様を「1枚の状態遷移図」だけで捉えようとすると、表現しにくい曖昧な状態が出てきてしまいます。その原因は、複数の状態をまとめて取り扱っているからです。

● 図6.5　複数の状態をまとめた破綻しやすい状態遷移図

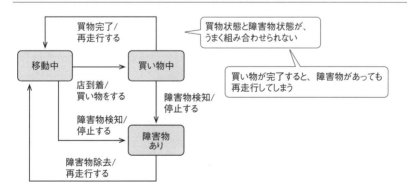

この状態遷移図では、買い物中に障害物が見つかって、障害物が取り除かれると、買い物が終わっていなくても再走行してしまいます。タイミングチャート的に表現すると、下図の破線のタイミングで誤動作してしまいます。

● **図 6.6　破綻しやすい状態遷移図が表現的できていないタイミング**

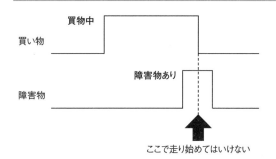

　このような場合は、状態変数を2つに分けることで解決できます。すなわち、買物状態と障害物状態です。それぞれ取りうる値は、

- 買物状態＝[移動中｜買物中]
- 障害物状態＝[障害物なし｜障害物あり]

となります。それらの組み合わせをBOSSモジュールで判断する、という設計ができます。

　この例のように、2つの状態が存在し、両者が独立して変化しうる場合、両者を別々の変数で管理するのが原則となります。

　こうして抽出された状態変数達は、ライン走行ロボットの問題ドメインに存在する概念なので、問題ドメインが変わらない限りずっと存在します。プログラムのロジックが少し変わったとしても、これらの変数には影響を及ぼしません。

● 図 6.7　状態変数を分けて構造化設計

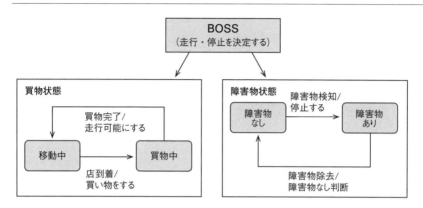

　一方、動きを実現するための一時的もしくは付加的な変数、たとえばループ変数やフラグなどの使用は、必要最小限に留めるようにしましょう。これらはソフトウェアの機能の本質ではなく、HOWを示すものであり、それによってソフトウェアを複雑にしてしまうのは得策ではないからです。

● 表 6.2　責務を破壊しない関数名の付け方

好ましくない	←		→ 好ましい
直接アクセス	読み書き関数	クエリ関数	意味付け関数
グローバル変数	set(), get()	isXXX()	目的名称()

6.2.2　分類と階層化

　本質的なデータ項目を抽出できたら、分類と階層化を検討します。分類の際にはやはりモジュール設計時と同じく、分割、凝集、集約を意識し、最後は分類に沿って階層化を行います。ここでの設計が、C言語における構造体設計の肝となります。

　これまで紹介した走行ロボットの事例では、directionVector_tという構造体が、集約と凝集の考えで定義されています。集約とは、散らばっていたものをまとめること、凝集とは、関係の深いものだけを集めてまとめ、関係

のないものを外に出すことでした。この構造体は、「ある時点での」進行すべき方向を管理するために、前後方向と左右方向の2つのデータ項目を集約して作られており、両者の関係が深く凝集もできています。

```
typedef struct {
    directionForward_t     forward;
    directionTurn_t        turn;
} directionVector_t;
```

　2つのデータ項目を単一の構造体にまとめるべきか否かを考えるときには、「**2つのデータ項目が所属するのにふさわしい共通の上位概念が存在するかどうか考える。存在する場合、その上位概念を名前に持つ構造体を定義してまとめる**」という原則で考えてみると良いでしょう。

　directionVector_t型も、前後方向と左右方向の2つのデータ項目が所属するのにふさわしい共通の上位概念「進行方向」を名前に持つ構造体となっています。このようにまとめた構造体は一般性があることが多く、さまざまな場面、目的で用いることができます。

　さらに、データ構造設計ということを考えると、データベース設計の「正規化」の考え方が非常に参考になります。といっても正規化を丁寧に説明すると長くなるので、ここでは組込みソフトウェアで重要と思われる原則のみを記載しておきます。

- 同一の意味を持つデータ項目を、複数の構造体に散らばらせない
- ある2つのデータ項目が存在して、それらに共通となる主たるインデックスを見い出すことができ、そのインデックスが変わると同時に両方の値が変わるような関係にある場合、それらは原則として単一の構造体にまとめる
- 逆に、独立して変化しうるデータ項目は、原則として別の構造体に割り当てる

　directionVector_t型をロボットの進行方向の管理に用いると、2つ目の原則に合致することになります。なぜならば、進行方向の管理とは、「ある時刻の」前後、左右の方向を管理することであり、時刻が変わると前後、左

右の両方が同時に変わるからです。この場合、「時刻」を、両者に共通となる主たるインデックスと見なせます。したがって、同一の構造体でまとめておくべきなのです。

　次に、独立して変化しうるデータ項目をなぜ別の構造体に割り当てなければならないかを考えてみましょう。もしも、お買い物ロボットの中で、精肉屋、八百屋、酒屋それぞれの「位置」情報と、それぞれのお店で購入する物の「予定買い物個数」を管理しなければならなくなったとします。これらはどちらも「お店」が変われば変わる、つまり「お店」をインデックスとすれば同時に両方の値が変わりますので、単一の構造体にまとめることもできなくはありません。データ構造が単純で済むという意味では、悪くない設計かもしれません。しかし、「位置」と「予定買い物個数」は独立して変わる可能性があり、単一の構造体にまとめないほうが良いという側面もあるのです。

　たとえば、精肉屋と八百屋の位置が入れ替わったところで、それぞれのお店で買いたい物の個数は変わらないでしょう。また、お店の位置は変わらなくても、日付が変われば今度はそれぞれのお店で買いたい物の個数が変わるでしょう。つまり、本質的には、両者に共通となる主たるインデックスは存在しないのです。このような独立して変化しうるデータ項目は、同じ構造体に入れることを避けたほうが良いというわけです。もしこれらを同一の構造体の中に入れてしまうと、データ構造が単純で済むのと引き換えに、両者を独立して管理できなくなり、その結果、次のような弊害が発生することになります。

- 「位置」情報を固定としてROM上に、「予定買い物個数」をRAM上に配置したいと思ってもできない
- 1ヵ月分の「予定買い物個数」を管理したくなった場合にデータ構造を変える必要が出てくる

「正規化」に関連する原則は、意味的に関係の深いデータ項目をかなり集約、凝集できてきた段階で、さらに「本当に関係の強いデータ」のみを構造体にまとめて洗練させたい場合に適用します。

6.2.3　データ抽象

データ抽象とは、変数やデータ構造を利用して実現できる機能やサービスを、変数やデータ構造にどうやってアクセスすれば良いかは知らずして利用できるように、抽象化されたシンプルなインタフェースを定義、提供することです。

データ抽象の例としてよく使われる典型的な例が**スタック**です。スタックは、後入れ先出し方式でデータの格納と取り出しを行うための機構です。実現のためのデータ構造として配列から成り立っていることが多く、この場合、スタックを利用するアプリケーションプログラムから配列を直接操作して、データを格納したり取り出したりしても動作を実現できます。しかしそれでは、データの格納や取り出しという目的に対して操作が複雑過ぎます。加えて、配列のサイズや構造が変わった場合、利用側のモジュールも変更しなければなりません。そこでデータ抽象として、スタックにはpush()とpop()というインタフェースを用意します。push()は格納、pop()は取り出しです。このインタフェースを利用すれば、内部の配列の実装に依存せずに、アイテムを格納できたり取り出したりできます。

● 図 6.8　データ抽象の仕組み

抽象データ型
- データを隠蔽して、利用手続きだけを公開する
- 「カプセルモジュール」「データ隠蔽モジュール」とも呼ばれる

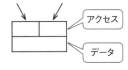

- 典型的な例としてスタックがある

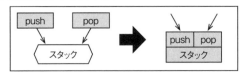

● 図 6.9　データ構造を隠蔽しインタフェースを公開する

● スタックの実装が配列かリングバッファかのいずれかでも構わない

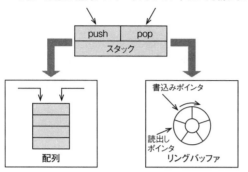

コラム

データ中心アプローチ

　データ中心アプローチは、システム開発の方法論のひとつで、システムで取り扱うデータのデータ構造を中心として開発を進める方法です。

　データ中心アプローチは、主に基幹業務・ネットワーク系システムの開発方法論のひとつとして語られることが多いのですが、組込みソフトウェアであっても、以下のような「データ変換」が大きな意味を持つシステムでは同様のアプローチが有効になります。

- 音楽、画像、通信データの圧縮／展開
- ハードウェア信号等、組込みシステムに対する入力の意味解釈

　OSI 7 階層モデルに代表される、階層モデルに沿ったレイヤーアーキテクチャに基づく通信プロトコルの設計・実装でも、レイヤー間のデータ構造を必ず確立するという特徴があり、これも一種のデータ中心アプローチといえるかもしれません。

　これらのソフトウェアの場合、データ構造のほうが、それらを取り扱うプロセスよりも変化しにくいという特徴があり、データ中心アプローチが有効な理由のひとつとなっています。

また、データ中心アプローチを、構造化分析やオブジェクト指向とは対立するものとみなす必要はありません。相違点はあるものの、「良いデータ構造作り」は、データ中心アプローチだけでなく、構造化分析、オブジェクト指向のいずれにおいても重要なポイントとなります。構造化分析では、適切なデータの塊を抽出してデータフロー図上に表すこと、および抽出したデータの塊の内部構造を階層的に整理してデータ辞書で示すことが、分析を成功させる重要な鍵となります。加えて、良いデータ構造は、オブジェクト指向におけるクラス抽出の元にもなり得るものです。

適切な分類・凝集・集約・階層化・抽象化が行われたデータ構造は、モジュール構造と並ぶ貴重な設計資産です。

コラム

データ構造によってプログラムは変わり得る

多くのソフトウェアでは、データ構造にプログラムが依存します。したがって、データ構造が変わると、プログラムを変えざるを得なくなる場合があります。このことも、データ構造設計を先に安定させようと主張するひとつの大きな理由です。

この例として、興味深い題材がありますので紹介しておきます。大阪大学の溝口理一郎教授は、著書『オントロジー工学』(オーム社)の冒頭で、ブロックワールドという簡単な「積み木の積み替え」問題に対して、2種類の「概念化」を提示し、それぞれで「積み替える」というタスクの記述方法が変わることを示しています。ここでいう「概念化」とは、対象世界の捉え方のことです。2種類の概念化の根本的な違いは、積み木問題の世界に「テーブル」があるとみなすかみなさないかです。

対象世界の捉え方は、「プログラムにおいて対象世界をどのようなデータ構造で示すか」につながっていきます。たとえば「テーブル」があるとみなすかどうかは、データ構造の中に「テーブル」というデータが出てくるか出てこないかの違いとなって現れます。この違いが、タスクの記述方法、すなわちソフトウェアにおける「アルゴリズムの違い」となって現れます。

つまり、この事例は、「データ設計次第で以後のソフトウェア設計が変

わってしまう」ことを私たちに教えてくれています。この視点から見ても、ソフトウェア設計は「データ設計ファースト」なのです。

なお、ブロックワールドの例は、書籍の他、以下のURLでPDFとして公開されていますので参考にしてください。

> 参照：オントロジーと知識処理
> http://www.ei.sanken.osaka-u.ac.jp/pub/miz/bit99.pdf
> ※「2.1 オントロジーの具体例」参照

6.3 知的階層化

モジュールに上下関係をつけて、単方向の関係にすることで、モジュール間の役割分担が明確になります。

6.3.1 レベル化

ファイル同士が双方向依存している、すなわち、お互いに関数コールをし合っている構造は好ましくありません。利用関係により上下関係を作り、上位のモジュールが下位のモジュールのサービスを利用するという構造を形成します。それが**レベル化**（レベリング）です。

図6.10のようにAモジュールとBモジュール双方向依存している場合は、3つの方法でレベル化ができます。1つ目の方法は、どちらかを上位モジュールにして上下関係を作ることです。AモジュールがBモジュールよりも広い範囲を知っているならば、Aモジュールを上位にして、Bモジュールのサービスを利用するようにします。Bモジュールのほうが賢ければ、Bモジュールを上位にします。2つ目の方法は、両者を利用するBOSSモジュールを新規に作ることです。両者の賢さがほぼ同じ場合に、この方法を使います。その場合は、会社でいえば、課長の下に2人の担当者が配置された構造といえます。BOSSが責任を持って行う仕事を、部下のAモジュールとBモジュー

ルが、それぞれ担当して処理するという構造です。3つ目の方法は、両者の共通部分をくくり出して、下位に配置するものです

● 図 6.10 レベル化の 3 つの設計

●相互依存をなくす
●レベル化とは、
■知的階層化
■上位が下位を「利用」する
・上位に賢いモジュール
・下位に従属モジュールを配置
NG
A
B
方法1
上下関係を作る
A
B
B
A
方法2
新しくBOSSモジュールを作る
BOSS
A
B
方法3
共通部をくくる
A
B
共通

6.3.2 単方向依存

レベル化することで、モジュール間の関係は**単方向**にすることができます。単方向依存になることで、モジュールの影響範囲が限定できて、変更時の確認を設計図で行うことができます。双方向依存になっている場合は、設計図だけでは影響範囲が見えてこないため、ソースコードで何回も検索します。

そもそも、モジュール間が双方向になる原因として、モジュールが単一目的ではなく複数目的を持っていることが予測されます。その際は、モジュールを細分化、すなわち**リファクタリング**して、複数モジュールに分けてからレベル化することが有効です。リファクタリングすることで、本来は該当するファイルで行うべきではないことが識別可能な独立したモジュールになります。そして、そのモジュール間の関係をレベル化することで、単方向依存にすることができます。

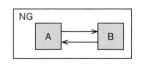

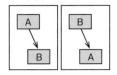

● 図6.11　リファクタリングして単方向依存へ

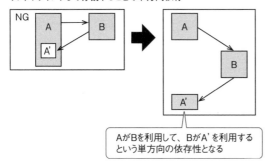

AがBを利用して、BがA'を利用する
という単方向の依存性となる

6.4　インタフェース定義

　モジュール単位にインタフェースを決めて、モジュール内部の実装はそれを満足するように作ります。
　そのためにはモジュールごとに公開する**インタフェースを定義**します。モジュールの粒度によって、定義方法が異なります。最も小さな粒度の関数モジュールでは、関数ヘッダに引数と戻り値を記載します。中間の粒度であるファイルモジュールでは、ヘッダファイルにextern宣言で、公開関数を定義します。また、UMLのクラス図では、public定義で公開するメソッドを定義します。最も粒度の大きいコンポーネントでは、仕様記述で提供インタフェースとして定義します。

● 図6.12　インタフェース定義の仕組み

●モジュール単位に公開インタフェースを定義する

コンポーネントは
提供インタフェースで定義

名称	
提供インタフェース	
内部処理	
要求インタフェース	

ファイルは
公開メソッドで定義

<<ctrl>> Trace
- current_state
+ tr_cyclic() + tr_start() + tr_stop() - tr_traceCourse() - tr_stopCourse()

関数は関数ヘッダで定義

```
/*******************************
 * 関数名：tr_start
 * 機能　：走行状態へ移行する
 * 引数　：なし
 * 戻り値：なし
 * 備考　：
 *******************************/
```

6.4.1 インタフェースと実装の分離

インタフェースを守ってさえいれば、そのモジュール内部の実装は変えても問題ありません。インタフェースを守ることで、そのモジュールの利用側へは、同じサービスの提供を実現しているからです。契約による設計とも呼ばれています。公開インタフェースが「契約」となります。契約が守られている間は、利用側モジュールを修正する必要はありません。

また、サービスを提供する側のモジュール内部の実装は変更しても構わないことになります。インタフェースを守りつつ、実装を進化させていくことができるわけです。これが**インタフェースと実装の分離**です。

6.4.2 置換可能

インタフェースが同じであればモジュールを取り換えることも可能になります。再利用することができたり、機種ごとに付け替えたりできるので、ソフトウェアを資産として活用することにつながります。

● 図 6.13　置換可能とは？

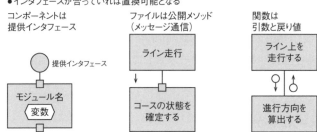

6.5 水平レイヤリング

　モジュールを平面に配置することで、設計の意図が見えてきます。その際に使う、典型的な配置のテンプレートを2つ紹介します。

　比較的小規模なシステムでは、上位に判断をつかさどるBOSSモジュールを置き、最下層にハードウェアのアクセスを行うハードウェアアクセスモジュールを置きます。中間層は、センサからの入力を取得する源泉（Source）モジュールを左側に、アクチュエータを制御する吸収（Sink）モジュールを右側に、そして中央にパラメータなどの演算を行う変換（Transform）モジュールを置きます。これが3層に分けた**水平レイヤリング**です。そのように、テンプレートを統一することが、全体構造の設計すなわちアーキテクチャ設計になります。

● 図 6.14　比較的小規模システムの水平レイヤリング

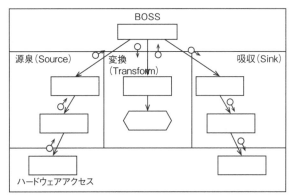

- 比較的小規模なシステム
  - 上下が論理 − 物理
  - 左右が求心 − 遠心

　また、操作部を持ち、複数ファンクションが動作するようなシステムでは、中央に機能実現部として3層構造を配置し、左側に全体管理部、右側にユーザインタフェース部を配置するテンプレートもあります。

● 図6.15　中規模から大規模なシステムのアーキテクチャテンプレート

(例)

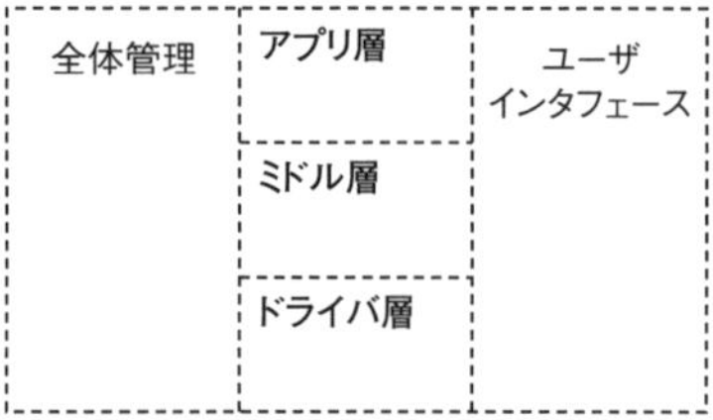

領　域	説　明
アプリ層	利用者に見える機能を提供する
ミドル層	システムの内部的な一連の動作
ドライバ層	ハードウェアの制御を行う
全体管理	初期化や機内監視などの、システム全体に関わること
ユーザインタフェース	ボタン入力や画面表示の操作系のビューとコントロール

6.5.1　3層構造

　組込みソフトウェアは、ハードウェアを制御する部分を有しています。外部からの要求を受けつけて、論理的な処理を行う部分も持っています。外部からの要求に従って、ハードウェアを制御するプログラム構造として、**アプリ層－ミドル層－ドライバ層**というレイヤー化を行うことが多いです。

● 図6.16　機能実現部の3層構造

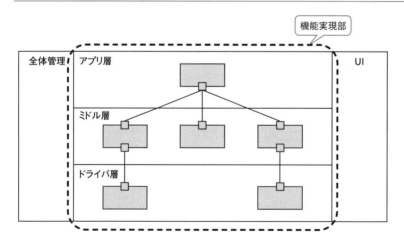

6.5.2 指示と報告の伝播ルート

レベル化の設計と同じなのですが、上位モジュールが下位モジュールのサービスを利用するという形状を作ります。上位から下位への「指示」、そして下位から上位への「報告」の伝播ルートを設計します。

● 図6.17　上位からの指示と下位からの報告

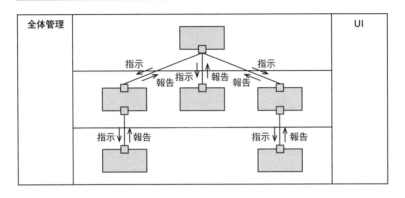

指示と報告の伝播ルートでは、呼び出し構造は上位から下位へ伝わる流れとなります。それに対して、源泉側（左側）のデータの流れは、下位から上位へ伝わっていくことになります。すなわち、センサからの値が、徐々に意味を持って最上位のアプリ層に伝わります。呼び出し構造の向きとデータの流れが逆になる、ということに留意してください。呼び出し構造とデータの流れが同じ、すなわち、センサ値が最上位から伝わるような構造は、構造化設計ではなくフローチャートとなります。そのため設計図としては使えないことが多いです。

● 図 6.18 機能実現部のデータの流れ

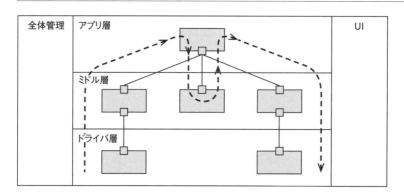

6.6 垂直パーティショニング

　機能実現部と直交するモジュールを分割して、左右に配置します。典型的なものとして、ユーザインタフェースや通信機能を機能実現部と分割させる設計があります。これが**垂直パーティショニング**です。また、初期化や終了も、機能実現部の内部に入れるのではなく、横に置くことで、明示的に伝播ルートを設計することができます。筐体(きょうたい)のカバー開閉などの、いつ発生するか予測できないモジュールも横に置くことで、カバー開時の停止処理とカバー閉時の復帰処理を明示的に設計できます。

● 図 6.19　責務を垂直パーティショニングする

- システム全体に関わる責務を縦のパーティションで仕切れば、見やすくなり理解しやすくなる
    - 起動と停止
    - 初期化、監視
    - エラー処理、省電力制御
    - ユーザインタフェース　など

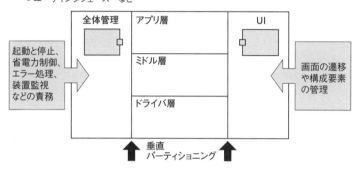

6.6.1　IO 分離、STS 分割

　垂直パーティショニングの典型的な形として、**IO分離**と**STS分割**があります。

　IO分離は、入力側と出力側を別モジュールにして、BOSSモジュールが両者に指示を出すという設計構造です。

● 図 6.20　IO 分離の仕組み

- 入力部と出力部を別のモジュールとする
    - モジュールとは、ヘッダファイルと実装ファイルのペア
- 入力モジュールから出力モジュールへの直接の利用は行わず、BOSSモジュールを介す設計構造とする

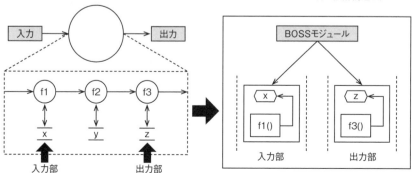

それに対しSTS分割は、入力側と出力側に加えて、中央部に変換部を置いた構造です。変換部では、パラメータなどの演算処理をします。そして入力部が源泉、出力部が吸収となります。源泉(Source)－変換(Transform)－吸収(Sink)の頭文字をとってSTS分割といいます。

● 図6.21　STS分割の仕組み

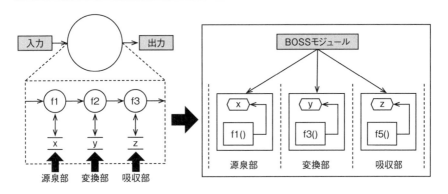

6.6.2　UI分離

機能実現部とユーザインタフェースでは、取り扱っている問題領域が異なります。機能実現部は、問題領域の言葉、すなわち走行ロボットの言葉を使ってプログラミングします。それに対して、ユーザインタフェースの問題領域は、「ボタン」、「表示」、「クリック」などになります。機能実現部とユーザインタフェースは、そこに存在する専門用語が異なります。これが**UI分離**です。セマンティックシフトと呼ばれることもあります。直交する問題領域は垂直パーティショニングすることで、それぞれ独立して進化が可能であり、組み合わせることでシステムとしての動作の柔軟性を持たせることができます。

ユーザインタフェース設計でよく使われているテンプレートに**MVC**があります。モデル(Model)－ビュー(View)－コントローラ(Controller)です。

垂直パーティショニングの配置をMVCに当てはめると、機能実現部がM、ユーザインタフェース側がVとCに相当します。

● **図 6.22　UI 分離と MVC**

- 機能実現部とUI部を直交させる
  - MVCのModelとView-Controlを直交パーティショニング
  - 機能実現部は、対象となる問題ドメインの用語
  - UI部は、操作という問題ドメインの用語

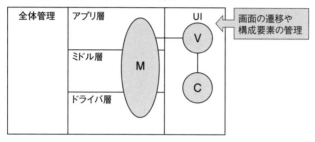

6.7　横断的関心

　ソフトウェア設計は、分割統治して、単一責務のモジュールに分けることが最初の一歩です。このことは関心事の分離ともいいます。それに対して、複数モジュールが連携して行う関心事を**横断的関心**と呼びます。本節では、設計すべき横断的関心の例を述べます。

6.7.1　伝播ルート

　筐体のカバーが開いたときは、動いているハードウェアを停止して、状態などを停止することになります。すなわち、機能実現部の下位層でハードウェアを停止し、上位層で状態を管理することになります。このような情報を、どのようなルートで伝えるかを明示的に設計します。ブロードキャストすなわち全員に知らせるから、各モジュールで対処するということは、全体

の設計を放棄していることになります。情報が伝わらなかったり、モジュール同士の認識が異なっていたりして、後々苦労することになってしまいます。

このような情報は、3層構造のどこから伝えるのかを決めて、その伝播ルートを明確にすることが設計です。本書では、アプリ層に伝えることを**上位駆動**、ミドル層に伝えることを**中間駆動**、ドライバ層に伝えることを**下位駆動**と呼んでいます。

● 図 6.23　突然発生する情報の伝播ルートの設計

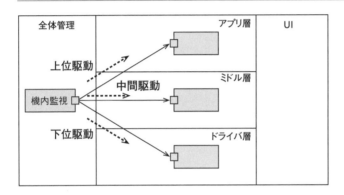

上位駆動では、通常の処理の流れを同じルートで、情報を伝達する方法です。小規模なシステムの場合、素直にこの方法で行えば良いでしょう。

● 図 6.24　上位駆動の伝播ルート

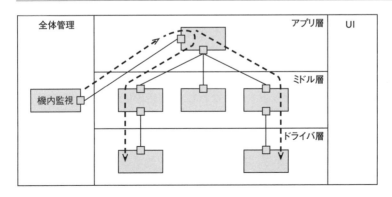

中間駆動では、ミドル層のモジュールに伝達して、ミドル層から上位のアプリ層へ報告、下位のドライバ層へ指示を出すことになります。ミドル層に安定したモジュールが存在する場合は、上下への伝搬経路が短くなるので、中間駆動を採用する場合もあります。

● 図 6.25　中間駆動の伝播ルート

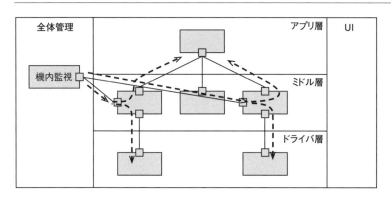

下位駆動では、まずハードウェア系を止めることで、ドライバ層へ伝達します。ドライバ層のモジュールは、通常は横のつながりを持っていませんが、突発的な情報の伝達時には、横のつながりを持たせることもあります。バケツリレー的な方式です。ドライバ層から、徐々に上位に報告が上がることになります。

● 図 6.26　下位駆動の伝播ルート

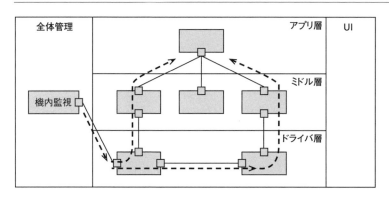

6.7.2 対称性（シンメトリ）

初期化と処理ロジックは別モジュールになることが多いです。その際に、初期化と処理ロジックをできるだけ近くに置くことで、初期化漏れなどの不具合を回避することができます。

ファイルごとに初期化関数を用意して、初期化BOSS関数から、ファイルごとの初期化関数を呼んで設計することを推奨します。

また、初期化と終了を**対称形**で作ることも有効です（図6.27）。初期化しただけで終了処理を考えていないと、不具合に直結します。オープンとクローズ、メモリ獲得とメモリ解放なども、対称形に作ることで不具合の混入をしにくくします。初期化が1箇所なのに、終了が2箇所あるような実装はNGです（図6.28）。初期化がここにあるから、終了はここにあるはずだ、というように、対となる相手の場所を推測できる設計が理想です。

● 図 6.27　対称形の初期化と終了

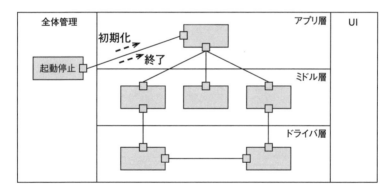

● 図 6.28　非対称形の初期化と終了

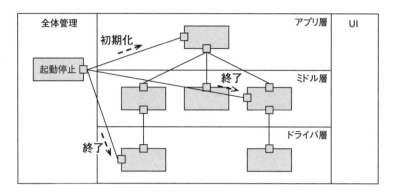

● 図 6.29　7つの設計指針と16個の要点

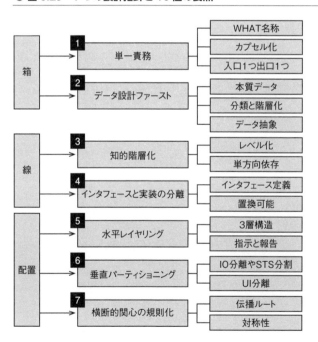

Chapter 7 設計品質の指標

　前章までは、設計からプログラミング、さらには仕様変更に対応する修正まで、良い品質のソフトウェアを作り込む方法を考えてきました。この章では、でき上がったソフトウェアの良し悪しを評価する、設計品質についての指標を紹介します。

7.1 モジュラリティ

7.1.1 モジュールとは？

　モジュールとは、「1つのまとまった機能／責務を果たす塊」です。塊には、小さなものから大きなものまで存在します。

　走行ロボットの例では、cs_detectDifference関数は、「コースとのズレを検出する」機能を果たします。その中身は「路面の色を取得する」ブロック、「コースとの差分を計算する」ブロックの2ブロック構成で、それぞれが小さな機能を果たしています。一方、この関数はファイル「Course.c」の一部であり、このファイルは必要な初期化関数、終了関数を含めて、全体として「コースの状態を確定する」責務を遂行しています。

　これが、大きなプログラムになると、あるフォルダの中に関係のある責務を果たすファイルを集めて、全体として1つの責務を果たすモジュールとなる場合もあります。たとえば、このロボットに通信機能が付与されたら、通信関連のファイル群は、走行関連のファイル群とは異なるフォルダに保存されるでしょう。Cプログラムの場合は「ブロック」、「関数」、「ファイル」、「フォルダ」が代表的な単位となります。

● 図7.1　モジュールの具体例

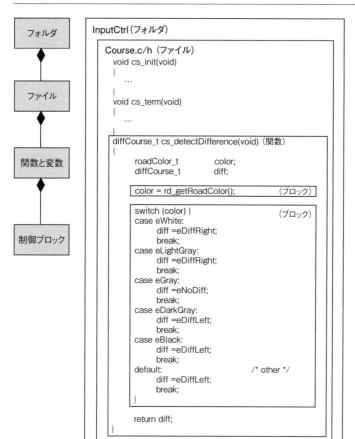

7.1.2　モジュールの長さ

　長過ぎるモジュールや複雑過ぎるモジュールは分割して、理解できる長さ、複雑さに抑えることが重要です。今回執筆陣が開発したモジュールの中で最も長い関数は以下の通りです（開発途中であらわれました）。

7.1 ● モジュラリティ

● コード例1　長めの関数の例

```c
/***********************************************
 * 関数名  : sh_shopping
 * 機能    : コース上の店を見つけて買い物をする
 * 引数    : なし
 * 戻り値  : eTrue 買物完了／eFalse 買物中
 * 備考    :
 ***********************************************/
bool_t sh_shopping(void)
{
    bool_t    b = eTrue;

    switch (shoppingState) {
    case eReturnCourse:
        b = sh_returnCourse();
        if (b == eTrue) {
            if (shopCounter > 0) {
                shoppingState = eSearchNextShop;
            } else {
                shoppingState = eReturnHome;
            }
            b = eFalse;
        }
        /* 動作確認のため */
        tt_message(0, "eReturnCourse", shopCounter);
        break;
    case eSearchNextShop:
        b = sh_searchNextShop();
        if (b == eTrue) {
            shoppingState = eDoShopping;
            sh_startDoShopping();
            b = eFalse;
        }
        /* 動作確認のため */
        tt_message(1,"eSearchNextShop",shopCounter);
        break;
    case eDoShopping:
        b = sh_doShopping();
        if (b == eTrue) {
            --shopCounter;
            sh_startReturnCourse();
            shoppingState = eReturnCourse;
            b = eFalse;
        }
        break;
    case eReturnHome:
        b = sh_returnHome();
        /* 動作確認のため */
        tt_message(1,"eReturnHome",eTrue);
        break;
```

```
    default:
        b = eTrue;
        break;
    }
    return b;
}
```

　この関数は48行です。許容できない長さではないのですが、やはり理解するのに少し時間がかかりますね。

　思うに、本書の読者の皆さんのほうが、実際の仕事において、これよりも「たいへんな」関数に遭遇しているのではないでしょうか？　そして、そんな関数の「作者」になってしまったりしていないでしょうか？　そうならないためにも、まずは以下を確認しましょう。

- 関数が「画面スクロールしなくても見渡せる」長さに収まっているかどうか
- 読むのがつらくなるほど複雑になっていないかどうか

7.1.3　凝集度

　ここでは凝集度（コヒージョン、cohesion）の定義とメリットについて説明します。なお、凝集度はモジュール強度と呼ばれることもあります。

凝集度の定義

　凝集度とは、モジュール内の要素の結び付きの強さの尺度です。凝集度が高いほどモジュールが単一の目的を持っていることになり、モジュールとして堅牢（ロバスト）になります。

凝集度を高くすることのメリット

　凝集度を高くすると、モジュールの独立性を高くすることができ、結果として再利用性を高くすることができます。また、凝集度を高くした上で良い命名をすれば、「何をしているのか」中身を見なくても名前からわかるようになります。

凝集度のレベル

凝集度は、以下の7段階のレベルで定義されています。

(1) 機能的凝集度

単一の目的しか持たないモジュールです。もし、そのモジュールの役割をひとことで簡単に表現できれば、それは機能的凝集度といえます。走行ロボットの設計事例に出てくる「ライン上を走行する」「ラインズレを検知する」「路面の色を判定する」「左右車輪を駆動する」などは、機能的凝集度です。

(2) 逐次的凝集度

複数の機能を順番に実行し、それらに関係する中心データが存在するモジュールです。たとえば、すべての機能が同じ情報を参照したり、最初の機能の結果が2番目の機能への入力になり、2番目の結果が3番目の入力になっているモジュールは、逐次的凝集度となります。

(3) 通信的凝集度

逐次的凝集度と同じく、中心となるデータが存在していて、それに対する入出力処理がランダムに詰まっているモジュールのことです。

(4) 手順的凝集度

中心となるデータが存在しておらず、順序関係があっても、機能的関係が薄い複数の機能が1つのモジュールにまとめられ、分割できない状態になっているモジュールのことです。

(5) 一時的凝集度

ある時点に、たまたま同時に行うことをひとまとめにしたモジュールのことです。組込みソフトウェアでは、初期化モジュールや終了モジュールが一時的凝集度となっている場合があります。たとえば、走行ロボットの電源投入時の初期化で、光センサとモータを初期化しなければならない場合に、「電源投入」関数の中ですべてのデバイスの初期化処理をベタ書きしてしま

うと、一時的凝集度になってしまいます。この場合は、「光センサ初期化」関数と「モータ初期化」関数を「電源投入」関数から呼び出すようにすれば、3つの関数すべてが機能的凝集度となります。

(6) 論理的凝集度

外部からの論理的な理由で、同類の処理がひとまとめにされたモジュールのことです。引数で制御フラグを受け取り、制御フラグの値に応じて実施する機能を変えてしまうようなモジュールが該当します。

(7) 偶発的凝集度

お互いに何の関係もない処理がひとまとめにされたモジュールのことです。

● 図7.2　設計品質の原則：凝集度

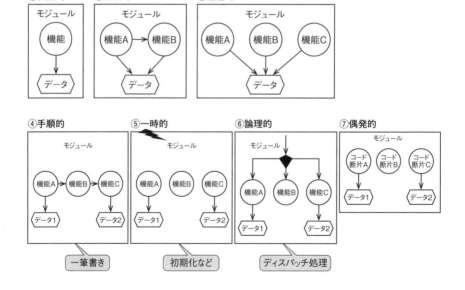

凝集度が高いかどうかを調べる典型的な方法は、「ひとことでそのモジュールの機能を表せるかどうか」につきます。モジュールを設計し実装したら、まず設計、実装した人自身で、「ひとことでそのモジュールの機能を表せるかどうか」をチェックするようにしましょう。

凝集度の問題事例

ここでは、逐次的凝集度となっているモジュールの事例を示します。traceCourse関数の全体としての機能は「コース上を前進する」ですが、その中に、モジュール化されていない2つのサブ機能「コースとのズレを計算する」と「ナビゲートする」を含んでおり、前者の結果diffが、後者のサブ機能の入力になっています。

● コード例2　逐次的凝集度となっているモジュール（問題事例）

```
/***********************************************
 * 関数名 : tr_traceCourse
 * 機能   : コースをトレースしながら走行する
 * 引数   : なし
 * 戻り値 : なし
 * 備考   :
 ***********************************************/
static void tr_traceCourse(void)
{
    roadColor_t         color;
    diffCourse_t        diff;
    directionVector_t   drct;

    /*******************/
    /* コースとのズレを計算する */
    /*******************/
    color = rd_getRoadColor();

    switch (color) {
    case eWhite:
        diff = eDiffRight;
        break;
    case eLightGray:
        diff = eDiffRight;
        break;
    case eGray:
        diff = eNoDiff;
        break;
    case eDarkGray:
        diff = eDiffLeft;
```

この制御ブロックで「コースとのズレを計算する」という1つの機能を果たしている

```
        break;
    case eBlack:
        diff = eDiffLeft;
        break;
    default:        /* other */
        diff = eDiffLeft;
        break;
    }

    /*********************************/
    /* ナビゲートする（ズレ補正のための方向決め）**/
    /*********************************/
    /* 前後方向は常に「前進」 */
    drct.forward = eForward;

    /* 左右のブレの補正 */
    switch (diff) {
    case eNoDiff:
        drct.turn = eStraight;
        break;
    case eDiffRight:
        drct.turn = eLeft;
        break;
    case eDiffLeft:
        drct.turn = eRight;
        break;
    default:
        drct.turn = eStraight;
        break;
    }

    /*****************/
    /* 進行方向を設定する ***/
    /*****************/
    dr_move(drct);

    return;
}
```

制御ブロック間で「diff」というデータが受け渡しされている（逐次的凝集度）

この制御ブロックで「ナビゲートする」という1つの機能を果たしている

● 図7.3 逐次的凝集度（Before）

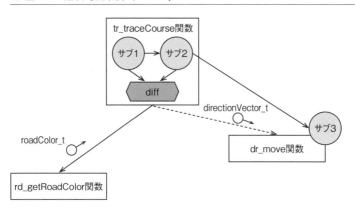

このような場合、サブ機能を関数化して外に出せば、機能的凝集度に作り変えることができます。作り変えた後のソースと、作り変える前と作り変えた後での構造図の違いを示します。

● コード例3　逐次的凝集度から機能的凝集度への改善事例

```
/***********************************************
 * 関数名  ： tr_traceCourse
 * 機能    ： コースをトレースしながら走行する
 * 引数    ： なし
 * 戻り値  ： なし
 * 備考    ：
 ***********************************************/
static void tr_traceCourse(void)
{
    diffCourse_t         diff;
    directionVector_t    drct;

    diff = cs_detectDifference();
    drct = nv_naviCourse(diff);
    dr_move(drct);
    return;
}
```

> tr_traceCourse関数も、サブ機能の関数も、すべて「機能的凝集度」となった

● 図7.4 機能的凝集度に改善（After）

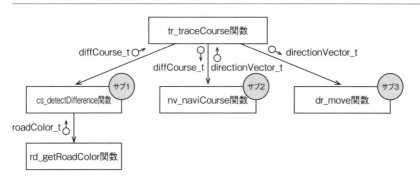

フォルダ／ファイルの凝集度と関数の凝集度

　ここまでは関数の凝集度について説明してきましたが、**フォルダ／ファイルの凝集度**を確認することも重要です。つまり、「ひとことでそのフォルダ／ファイルの機能／責務を表せるかどうか」を確認することも重要なのです。

　また、ファイルやフォルダの場合、「関数が本来配置されているべきファイルに配置されているかどうか」「ファイルが本来配置されているべきフォルダに配置されているかどうか」も確認しましょう。極端な例では、本来Trace.cに含まれているべきtr_start関数や状態変数current_stateが、Course.cに含まれているとしたら、Course.cは関係のないものを含んでいることになり、凝集度が低くなっていることになります。

　ちなみに、ファイルやフォルダの凝集度が「散らばり」によって崩れると、「意味もなく外に飛び出ていく線」や「意味もなく外から飛び込んでくる線」がファイル間やフォルダ間にできてしまいます。つまり、ファイルやフォルダの凝集度劣化は、結合度の劣化をももたらすわけです。

　以上のことから、ソースコードのフォルダやファイルを設計、実装したら、自身で以下を確認しましょう。

- ひとことでそのモジュールの機能／責務を表せるかどうか
- 本来1つにまとまっているべきモジュールが、散らばっていないかどうか

● 図7.5 ファイル凝集度劣化の例

本来この2つのファイルは疎結合

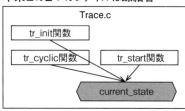

凝集度劣化（散らばり）で結合度も劣化

凝集度劣化（散らばり）で結合度も劣化

コラム

情報的凝集度

　ソフトウェアテストの研究者として世界的に有名なG.J.マイヤーズは、モジュール凝集度や結合度に関する研究でも知られています。彼は1979年に発表した著書『ソフトウェアの複合／構造化設計』（近代科学社）の中で、「情報的凝集度」という興味深い概念を記しています。定義は以下のようになっています。

　①多重入口点を持つ
　②各入口点は単一の固有の機能を行う

> ③これら機能のすべては、そのモジュール内に収められた1つの概念、データ構造、資源に関係のあるものである

　①は、C言語のプログラムの場合、複数の関数を含むソースコードファイルが該当します。関数が複数存在すれば、入口点も複数存在するからです。②は、ファイル内のすべての関数は機能的凝集度でなければならない、ということです。そして、③の「関係の近いものを集めること」という考え方が最も重要となります。

　これらの定義からわかる通り、情報的凝集度の概念は、関数レベルではなく、ソースコードファイル、オブジェクト指向におけるクラス、もしくはそれらを集めたフォルダといった粒度での「まとまりの良さ」に関する概念です。したがって、構造化設計からオブジェクト指向へと昇華させる際に、非常に重要となる概念です。

7.1.4 結合度

　ここでは結合度の定義とメリットについて説明します。

結合度の定義

　結合度(カップリング、coupling)とは、モジュール間の結び付きの強さの尺度です(凝集度は、モジュール「内」の結び付きの強さの尺度でした)。結合度が低いほど、モジュールの独立性が高く、モジュラリティが高いことになります。

結合度を低くすることのメリット

　結合度を低くすると、モジュール間の関係が単純になり、保守しやすくなります。たとえば、あるモジュールだけを分割して再利用したり、そのモジュールを利用したりしている他のモジュールに副作用をもたらさずしてモジュールを修正することが容易になります。

結合度のレベル

結合度は以下の7段階のレベルで定義されています。

(1) データ結合

モジュール間の情報伝達が、純粋なデータだけとなっている結合です。最も単純で、修正時や再利用時の間違いも起こりにくい結合です。

走行ロボットの事例で紹介した構造図では、すべての関数間の関係が「データ結合」になっています。次ページの構造図では、制御カップルは一切存在せず、いずれの2モジュール間も、単純なデータだけが受け渡しされています。そのため、お互いの独立性が高く、修正や再利用がしやすい状態になっています。

● 図7.6　すべての結合が「データ結合」

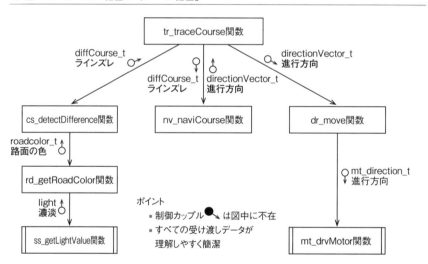

(2) 構造体結合

ある構造を持ったデータ群、いわゆる構造体データで結び付けられている結合です。構造体が、同じ目的を持っているメンバ群で構成されていれば特に問題はありません。しかし、そうでない場合は、結び付けられているモ

ジュール群が、複数種類のデータに依存していることになり、依存関係が複雑になります。

(3) バンドリング結合

　複数のあまり関係のないデータ群によって結び付けられている結合です。あるモジュールが、さまざまなデータを袋に入れて (バンドル)、他のモジュールに渡しているイメージです。同じ目的を持っているデータ群がバンドルされていない状態を示しているので、結び付けられているモジュール群が、複数種類のデータに依存していることになり、依存関係が複雑になります。

(4) 制御結合

　データではなく、何らかの制御を意図した情報が伝達される結合です。

　もし走行ロボットの事例で、上位モジュールが下位モジュールに対してフラグを渡し、「この場合は直立走行処理を、この場合は買い物の処理をせよ」と指令しているようならば、その結合は制御結合であり、指令を受けているモジュールは論理的凝集度です。こうならないように注意する必要があります。

● コード例4　制御結合となっている2つのモジュール（問題事例）

```
typedef enum {
    control_mode_running = 0,
    control_mode_shopping,
} control_mode;

void timer_handler_1msec(void)
{
    g_time_count++;
    if ((g_time_count % 4) == 0) {
        sc_main(control_mode_running);
    }
    if ((g_time_count % 20) == 0) {
        sc_main(control_mode_shopping);
    }
}

void sc_main(control_mode ctrl)
```

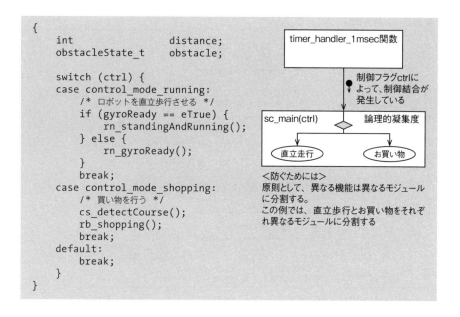

```
{
    int                     distance;
    obstacleState_t         obstacle;

    switch (ctrl) {
    case control_mode_running:
        /* ロボットを直立歩行させる */
        if (gyroReady == eTrue) {
            rn_standingAndRunning();
        } else {
            rn_gyroReady();
        }
        break;
    case control_mode_shopping:
        /* 買い物を行う */
        cs_detectCourse();
        rb_shopping();
        break;
    default:
        break;
    }
}
```

(5) ハイブリッド結合

値の範囲によって意味が異なるデータによって結び付けられた結合です。根本的にはデータ設計の不具合といって良いでしょう。

(6) 共有結合

グローバル変数による結合です。お互いのモジュールが共通にアクセスできるデータ領域を利用すると発生します。

グローバル変数の使用は極力避けることが大切です。グローバル変数がいつ、どのモジュールから読み書きされているのかを限定することが難しく、思わぬ副作用を引き起こす可能性があるからです。特に大規模ソフトウェアではその傾向が顕著です。

以下に、グローバル結合の例を示します。第6章で紹介されている「指示と報告」を意識して設計すると、この現象を防ぐことができます。

● 図7.7　共有結合

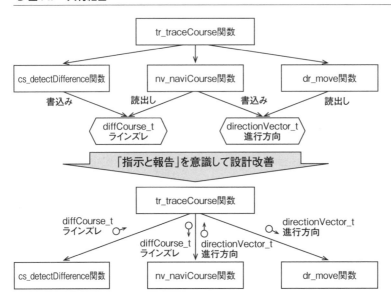

> **コラム**
>
> **複数スレッド間の共有結合**
>
> 　組込みシステムの場合には、複数の異なるスレッド、たとえばmain関数ルーチンと割込みルーチンの間でグローバル変数を共有せざるを得ない場合が出てきます。この場合、アクセス中の保護のための同期を忘れないこと、レースコンディションと呼ばれる、複数スレッドからのアクセス順序に伴う不具合を起こさないように注意する必要があります。

(7) 内容結合

　あるモジュールの途中辺りに便利そうな機能があり、そこだけを選んでモジュールの途中から呼び出すような結合です。アセンブラでしか実装できません。

　今日では、C言語などの高級言語のコンパイラが、そのような呼び出しを作ることができないので、記述すること自体が不可能です。

● 図7.8　設計品質の原則：結合度

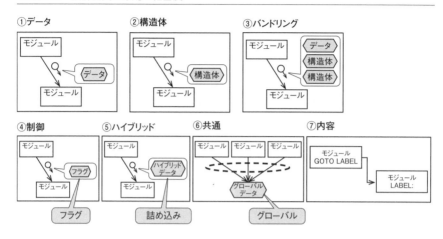

7.1.5　識別性

以下の2つの関数の違いはわかるでしょうか？

```
void       cs_detectDiffCourse(void)
diffCourse_t cs_getDiffCourse(void)
```

では、コメントをつけるとどうでしょうか？

```
void       cs_detectDiffCourse(void)    /* コースとのズレを返す   */
diffCourse_t cs_getDiffCourse(void)     /* コースとのズレを調べる */
```

まだ少し難しいかもしれません。では、このような名前とコメントであればいかがでしょうか？

```
void       cs_calculateDiffCourse(void) /* コースとのズレを計算して覚えておく */
diffCourse_t cs_getDiffCourse(void)     /* コースとのズレを調べた結果を返す   */
```

名前もコメントも、たった数文字しか違いませんが、かなりわかりやすく

なるのではないでしょうか？

　この元のソースコードは以下の通りです（開発途中であらわれました）。これを上記の名前とコメントで書き換えると、名前とコメントだけで区別がつくようになることがわかります。

● コード例5　動詞の意味が似ていて識別しずらい2つの関数の例（get）

```
/************************************************************
 * 関数名　：　cs_getDiffCourse
 * 機能　　：　走行すべき位置からのズレを返す
 * 引数　　：　なし
 * 戻り値　：　ズレ
 * 備考　　：
 ************************************************************/
diffCourse_t cs_getDiffCourse(void)
{
    return diffCourse;
}
```

● コード例6　動詞の意味が似ていて識別しずらい2つの関数の例（detect）

```
/************************************************************
 * 関数名　：　cs_detectDiffCourse
 * 機能　　：　コースの状況を調べる
 *              ・走行すべきコースとの左右のズレ
 *              ・店または家に到着
 *              ・一定時間コース上を走行しているか
 * 引数　　：　なし
 * 戻り値　：　なし
 * 備考　　：
 ************************************************************/
void cs_detectDiffCourse(void)
{
    roadColor_t    color;
    diffCourse_t   diff;
    
    color = rd_getRoadColor();
    
    switch (color) {
    case eWhite:
        diff = eDiffRight;
        break;
    case eLightGray:
        diff = eDiffRight;
        break;
```

```
    case eGray:
        diff = eNoDiff;
        break;
    case eDarkGray:
        diff = eDiffLeft;
        break;
    default:     /* eBlack */
        diff = eDiffLeft;
        break;
    }
    diffCourse = diff;
}
```

　このように見ていくと、各モジュールの役割「分担」が「すぐわかる」ことの大切さが伝わると思います。識別性とは、まさにこのような「何者かのわかりやすさ」「区別のつきやすさ」のことなのです。モジュールを設計し実装したら、設計や実装をした人自身で、以下を確認しましょう。

- 名が体を表しているかどうか
- 他のモジュールとの違いがきちんと区別がつくかどうか

　加えて、似たようなモジュールが複数存在しないかどうかを確認し、存在する場合は、それらを集約してまとめましょう。コードクローンも、この「似たようなモジュール」の一種であり、集約してまとめる必要があります。

7.2 システム形状

　設計品質の最後の項目として、設計全体を俯瞰してみましょう。以下の構造図は、システム形状が整っている例です。この構造には、以下の特徴があります。

① 全体がモスク型になっている
② 上下が「論理－物理」に分割されている
③ 左右が「求心－遠心」の流れになっている

● 図7.9 システム形状

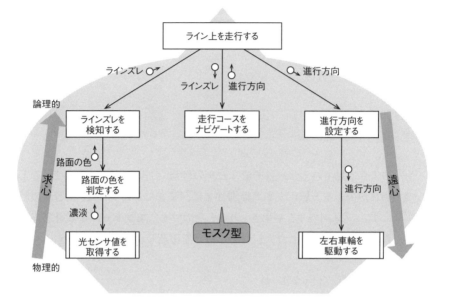

(1) モスク型

構造図を眺めたときにモスク型になっていると、その構造は安定しているといわれています。モスク型とは、頂上に少しとがった先端があり、中央の層にふくらみがあり、底は少しキュッと締まっている形です。

(2) 上下が「論理－物理」

ソフトウェアが、第6章で紹介した、3層構造の「水平レイヤリング」や「垂直パーティショニング」を実現できていると、以下のようになっています。

- トップ層は「管理者」、目的全体を知っている
- 中間層は「実務者」、本質的な手続きや仕組みを実現する
- 最下層は「専門家」、ハードウェアを確実に制御する

例示した構造図では、「ライン上を走行する」が管理者、「ラインズレを検

知する」「走行コースをナビゲートする」「進行方向を設定する」および「路面の色を判定する」が実務者、「光センサ値を取得する」「左右車輪を駆動する」が専門家のイメージです。上下が「論理-物理」に適切に分割できていることがわかります。

また、もうひとつ重要なこととして、「実務者の顔を見れば、専門家の顔を見なくとも、管理者のねらいが実現すると予想がつく」ことが挙げられます。この例の場合、「ラインズレを検出」し、「進行方向を決めて」、それに沿って「走行」すれば、目的である「ライン上を走行する」が実現するであろう、と予測がつきます。これはまさしく「段階的詳細化」を達成できているということです。このような状態だと、最上位(管理者モジュール)のソースを読むだけで、動きの予想をすることができます。

● **コード例7　最上位のソースを読むだけで動きを予想できる例**

```
/***********************************************
 * 関数名　: tr_traceCourse
 * 機能    : コースをトレースしながら走行する
 * 引数    : なし
 * 戻り値  : なし
 * 備考    :
 ***********************************************/
static void tr_traceCourse(void)
{
    diffCourse_t       diff;
    directionVector_t  drct;

    diff = cs_detectDifference();   /* コースとのズレを計算する */
    drct = nv_naviCourse(diff);     /* ナビゲートする */
    dr_move(drct);                  /* 進行方向を設定する */
    return;
}
```

管理者が実務者に適切に責務を配分(段階的詳細化)

(3) 左右が「求心-遠心」

バランス良く全体構造が設計されていると、構造の左側では「求心」、すなわち専門家から管理者まで、データが姿を変えながら上位へ上っていきます。逆に右側では「遠心」、すなわち管理者から専門家まで、再びデータが姿を変えながら下位へ下っていきます。

ここで、「データの姿が変わる」ということが大切です。最下層ではキー入力やI/O信号など、ハードウェアの生データを扱いますが、中間層ではここに意味が加わります。

たとえば例示した構造図では、光センサ値の値は中間層に届く前に「路面の色」という意味のある情報に変換され、さらに「ラインとのズレ」に変換されているので、最上位モジュールが進行方向の判断をすることができます。そして最上位から指示された進行方向は、最終的にライブラリの中で左右モータへの指示へと変換されていくわけです。

7.3 2つのビューポイントと品質特性

ソフトウェアをレビューする際の視点として、**静的視点**と**動的視点**が挙げられます。保守性や移植性は静的な視点から、信頼性、使用性、効率性は動的な視点からレビューします。機能性は、静的な視点と動的な視点の両面からレビューします。動的視点はもちろん不可欠ですが、静的視点でも確認します。なぜならば、良い設計構造を持つソフトウェアは、正しく動作するだけではなく、設計構造が「機能の成り立ちを上手に表す」ことになるからです。

4.8.1で示している通り、動的視点でのレビュー、特にクリティカルな箇所のレビューでは、タスク構造図などの動的構造が必要となる場合があります。

●図7.10　レビューの視点と品質特性

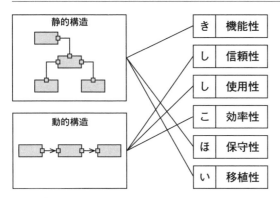

- 視点ごとに、レビューできる品質特性が異なる
    - 機能追加や変更時の保守性は、静的構造で確認
    - パフォーマンスや中断再開動作などは、動的構造で確認

コラム

振る舞いの予測可能性：
実行経過と実行結果を「予測」できるようにしよう

　筆者は、プログラムを作ったら、作ったプログラムを実行すると途中で何が起き、最後にどんな結果が出るかを「予測」するようにしています。また、それが予測できないような場合は、予測できるようになるまでソースコードを書き直します。

　これを設計の言葉で表現すると、「ソフトウェア構造から、振る舞いを予測可能にしている」ということになります。これは、「ソフトウェアの動作を理論的に保証する」ための基盤となるものです。予測可能であれば、何か不具合が発生した場合の処置が容易になりますし、そもそも不具合が発生する頻度が激減すると思います。

　状況によるとは思いますが、レビューアも、レビュー対象のソースコードから振る舞いを予測してその妥当性を確認するのが理想です。もしも予測できないのであれば、予測できない旨を伝えて、その「予測可能性の低さ」自体を問題視すべきではないかと思います。

Chapter 8 設計中心開発

　組込みソフトウェアには、ハードウェアを動かすファームウェアと呼ばれていた時代から引き継がれているソースコードもあります。それらはアセンブラ的なC言語となっています。しかし、本書の内容を実践することで、ソースコードを起点とした開発から、設計とソースコードを一体化した設計中心開発へ進むことができます。

　本章では、まず、アセンブラ的Cとモジュール的Cの違い、次に派生開発の方法、段階的詳細化、ソフトウェアの資産化について説明します。

8.1 アセンブラ的Cからモジュール的Cへ

　組込みプログラムは、アセンブラをそのままC言語に置き換えたものや、アセンブラ的な考え方でC言語プログラミングしたものなどが存在しています。アセンブラ的Cからモジュール的Cに転換することにより、モジュール単位での開発や管理がより容易になります。

　以下、次表に挙げた5つの視点で、アセンブラ的Cとモジュール的Cを比較します。

● 表8.1　プログラミングスタイルの違い

	アセンブラ的C	モジュール的C
中心ファイル	実装ファイル[.c]中心	ヘッダファイル[.h]中心
設計の主題	実装ファイルで関数呼び出しのインタフェイスを設計	ヘッダファイルで、ファイル間のインタフェイスを設計
ヘッダファイルの位置づけ	共通の定義	実装ファイルとペアで、公開する関数と変数を定義
変数スコープ	グローバル	ファイル内にカプセル化
main関数の役割	サイクリック実行を制御（mainループ）	トップモジュールを起動するだけ

205

8.1.1 中心ファイル

C言語は、その名称通りに、.cファイルすなわち実装ファイルを作ることで動きます。アセンブラ的Cでは、まず実装ファイルを作り、共通の定義などをヘッダファイルに入れる、という流れになっていました。その後、プログラムの規模が大きくなり、数千行から数万行になってきた時点で、実装ファイルを積み上げていくことが限界に近づき、複数の人たちによる開発も当たり前になりました。

そのような状況では、まずモジュール分割して、モジュール間の連携で動くプログラムを組み込むことになります。このようなモジュール的Cでは、実装ファイルよりも、モジュール間のインタフェースを表現するヘッダファイルのほうが重要になります。まず、ヘッダファイルで公開関数を決めて、その関数の実現を実装ファイルで行う、という流れになります。

8.1.2 設計の主題

アセンブラ的Cでは、関数コールを積み上げて動くプログラムを作ることが主題でした。モジュール的Cでは、ファイル単位にインタフェースを決めて、そのファイル同士の連携で動くプログラムを組む、ということに主題が移っています。

8.1.3 ヘッダファイルの位置づけ

アセンブラ的Cでは、共通で使う定義をヘッダファイルで記述して、実装ファイルでインクルードする、という構成でした。モジュール的Cでは、実装ファイルと同じ名称のヘッダファイルを作ります。すなわち、同じ名称の実装ファイルとヘッダファイルのペアを作る構成になります。そのヘッダファイルで、外部に公開する関数を宣言します。オブジェクト指向的な責務分割のプログラムに似ています。

8.1.4 変数スコープ

　アセンブラ的Cでは、変数はグローバル領域に置かれて、どこからでも読み書きできることが普通でした。モジュール的Cでは、変数はstatic宣言することで、ファイル内にカプセル化して、ファイル外部からは直接読み書きできないように作ります。このことにより、変数の影響範囲が限定できて、品質に対して堅牢なプログラムになります。変数スコープはできる限り狭くすることが大切です。

8.1.5 main関数の役割

　main関数の位置づけは、OSの搭載やタイマー割り込み駆動などの動作環境に依存します。典型的な例では、アセンブラ的Cでは、OSが搭載されておらず、mainループをぐるぐる回るサイクリック実行型で動作することが多いです。すなわち、main関数で制御スレッドを形成し、その制御スレッド上で処理を行うという動きです。

　それに対して、モジュール的Cでは、main関数は何も行わずに、トップモジュールを起動するだけ、という作りが多くなります。すなわち、動作の起点をフックするだけという役割で、main関数内部では、何も処理をしないという構成です。

　次に、既にあるソースコードを設計図と一緒に修正していく方法を紹介します。

8.2　派生開発で設計図とソースコードを同期させる

　組込みプログラムでは、動くソースコードがあり、それを元に機能追加や不具合対応をする開発が多くなっています。その際に、ソースコードだけで局所的に変更していくと、徐々にソースコードは複雑になり、かつ、設計書はメンテナンスされずに、ソースコードだけは一人歩きしてしまいます。「設計書はもう古いので見ないでください」あるいは「設計書は差分だけ管理

しています」という好ましくない状況に陥ります。

使える設計書を残すためには、**設計図とソースコードを同時に修正すること**を推奨します。設計図とソースコードを同期させる、と呼びます。ソースコードを作ってから、後で設計書を直す、というように別アクティビティにすると、すぐにソースコードと設計書は乖離してしまいます。

● 図8.1　設計図とソースコードを同期させる

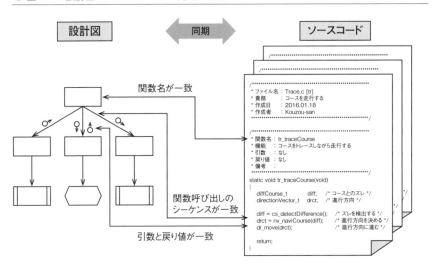

設計書が既に古くなっている場合は、まずはソースコードを作り、ソースコードをリバースすることで設計図を作る**リバースアプローチ**が有効です。ソースコードから、関数呼び出しの構造図を作り、引数と戻り値を定義します。関数の内部だけの変更であれば、設計図は変わりません。このように、ソースコードを修正してから、同じアクティビティとして構造図を作る、というプロセスです。

その後、設計を先に考えるようになってきたら、ソースコードを修正する前に、まずは構造図で考える、というフォワードアプローチに移行できます。構造図を先に作ることで、ピアレビューも有効になり、より上流工程で品質を作り込むことも可能になります。

8.3 新規開発で設計図とソースコードを同期させる：段階的詳細化

新規開発の場合は、モジュール構造を作り、入口と出口の部分のソースコードを先に作り、その設計構造を保ちつつ、徐々に内部のプログラミングをしていく、という**段階的詳細化**が有効です。まず骨格(スケルトン)を作り、徐々に肉付けしていく、という方法です。

● 図8.2　設計図と骨格だけのプログラミング

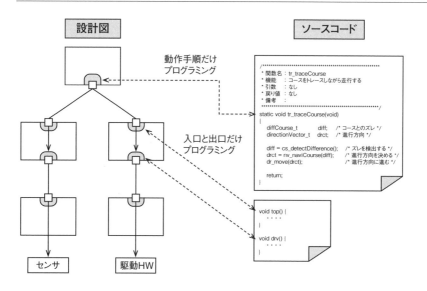

8.3.1 骨格（スケルトン）の作成

全体の構造図を作り、モジュール間のつなぎ目だけを先にプログラミングして、設計の骨格を固めます。すなわち、モジュール間のインタフェースの入口と出口だけのソースコードを作ります。これにより、設計意図がより明確になるとともに、実際に入口と出口だけでもプログラミングすることで、設計の妥当性も検証することができます。内部はスカスカだけれども、全体の動きがわかる、という骨格(スケルトン)ができます。

8.3.2 実現可能性調査

新規ハードウェアや新規の調達モジュールは技術的リスクが高いので、プロトタイプすることで、開発の初期段階で技術的リスクを減らします。それを**実現可能性調査**と呼びます。その際に、ハードウェアへの制御手順を一筆書きのように作ってしまうと、せっかく作ったプロトタイプコードを、製品開発時には使わないということになってしまいます。これが使い捨てプロトタイプです。それに対して、骨格のモジュール構造ができていれば、その骨格に合わせて、新規性の高い部分だけ、先に肉付けすることができます。このように作られたプロトタイプコードは、製品化時にもそのまま使えます。すなわち、使い捨てされないプロトタイプとなります。

8.3.3 段階的詳細化（肉付け）

スケルトンにより全体の設計構造がある程度安定し、実現可能性調査で新規性の高いリスクが軽減されたら、その次に、骨格に対して詳細部分をプログラミングしていきます。骨格に対して肉付けすることになります。骨格が安定していれば、肉付けはかなりプログラミングのスピードがあがり、骨格を作るときの倍以上のスピードで開発することができます。かつ、モジュール間のインタフェースはほぼ固まっているので、コーディングミスが発生しても、モジュール内部にしか影響を及ぼしません。これにより、開発後半で、不具合がモグラ叩き的に発生することを防止することができます。

8.4 ソフトウェアを活用しやすい資産にする

組込みシステムでは、複数機種の同時開発や後継機の開発が行われています。そして、その都度機種ごとにソフトウェアを開発することはまれで、通常は、前機種のソフトウェアを使って開発することになります。その際に、ソフトウェアを資産として有効活用できるのか、あるいは、在庫化している

ので、追加修正にたくさんの時間と工数をかけるのかが変わってきます。代表的な3つのソフトウェア資産の活用戦略を紹介します。

● 表 8.2 ソフトウェア資産の活用戦略

Lv	再利用方式	概念図	重要な施策
3	プロダクトライン開発		スコーピング アーキテクチャ 変動点管理
2	部品化再利用		部品化 設計図 設計技法
1	ソースコード流用		人海戦術（時間をかけて引継ぎ） 水際作戦（大量のテストで品質確保）

8.4.1 ソースコード流用

　最も簡単にできることは、次機種に**ソースコードを流用する**方法です。前の機種で動いていたソースコードを、次の機種でそのまま使って開発します。一見、効率的なようにも見えますが、実際は、開発生産性と品質の効果は期待できないことが多いです。

　開発にあたっては、今のソースコードを理解することから始まり、理解のためのリードタイムが増えます。かつ、変更による影響範囲を調査するために、関係する部分を検索で探したりするので、変更時間もかかります。ソフトウェアが資産というよりも、使いにくいソースコードを人海戦術でなんとか動かしている、という状況です。

　また、品質面においても、少しの変更により、思いもかけない箇所で不具合につながったりします。レビューやモジュールテストが困難な場合は、最終のシステムテストを大量の人数を投入して行っていることもあります。開

発の最終段階で品質を確保しているという水際作戦といえます。すなわち、ソースコード流用は、ソフトウェア資産の戦略活用とはいえません。

8.4.2 部品化再利用

共通部分を作って、丸ごと利用することが**部品化再利用**です。ソフトウェアの部品化は、長年求められ続けられていますが、なかなか効果的な実践ができないことが多いようです。それには大きく2つの理由があるようです。

1つ目は部品化するスキルがないこと、2つ目は部品の粒度が小さ過ぎて再利用しにくいことです。部品化するスキルは、設計図を書いてレビューする経験を積むことが早道です。ソフトウェアを構造的に表現して、その設計意図を他の人に伝える、そして、他の人からの意見を元に設計構造を改善する、という経験が大切です。早い人なら半年くらいで、それなりに再使用しやすい部品を作ることができるようになります。部品の粒度に関しては、関数レベルでの再利用は、ほぼ効果がありません。小さくてもファイル単位、あるいは、もっと大きな粒度でコンポーネント単位での再利用で効果が現れます。

8.4.3 プロダクトライン開発

共通部分ではなく、機種ごとの変動部分を明確にすることで、複数機種に対応するソフトウェア資産を作ることができます。C言語では機種ごとの変動部分は条件コンパイルで書くことも多いですが、条件コンパイルの設計はあまりされていません。ソフトウェア全体で条件コンパイルのリストを作り、それが、どのモジュールに入っているのかを管理するだけで、複数機種をそれなりに見渡すことができます。このことが、プロダクトライン開発への第一歩になります。

プロダクトライン開発の3つの技術的要素として複数機種に搭載される問題ドメイン単位を見極めるスコーピング、ソフトウェアの全体像とモジュールを明確にするアーキテクチャ設計、そして、変動要因と変動部を明確にして一元管理する変動点マネジメントがあります。

8.4.4 体質変換：在庫化サイクルから資産化サイクルへ

組込みソフトウェアは、アドホックに追加修正していくと、徐々に劣化していきます。変更すればするほど複雑になっていく負のスパイラルです。設計中心開発を行えば、変更することで、逆に設計構造が見えてきてシンプルになる、正のスパイラルも実現することができます。

● 図8.3　在庫化サイクルから資産化サイクルへ

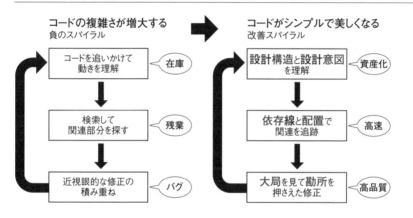

Appendix A ソフトウェア疲労（良くない例）

　組込みプログラムは、一度作られると、その後の数機種で使い続けていることがよくあります。その際に、少しの修正で、徐々に設計構造が崩れていく現象が発生してしまいます。修正すればするほど、複雑怪奇なプログラムになり、自分で作ったプログラムですら時間が経つと理解困難になってしまうこともあります。そのような症状を金属疲労になぞらえてソフトウェア疲労と呼んでいます。ここでは、典型的なソフトウェア疲労の例を紹介します。

● 表A.1　典型的なソフトウェア疲労

	症状	別名	現象
1	一筆書き	モンスター関数	・1つの関数やファイルが長い ・作った人にしかわからない（作った人も？）
2	クローン	切り貼りプログラミング	・同じコード断片が点在。修正漏れが発生する ・grep検索が最も便利な開発ツール
3	神様データ	グローバルデータフラグ	・すべてを支配しているデータが存在する ・修正の波及範囲が大きい
4	中央集権	責任過多 肥満児	・1つのファイルにたくさんの関数がある ・いつも同じファイルを修正している
5	スパゲティ	くもの巣 もぐらたたき	・いろいろな関数を呼び出している ・副作用が発生する（こちらを直すとあちらが）
6	老舗温泉旅館	場当たり的 ルール無視	・階層を超えた呼び出し／命令規則がない ・引継ぎができない（そもそも説明がない）
7	一枚岩	モノリシック フレンド	・#includeしているファイルが多い／環境依存 ・分割コンパイルができない

　ソフトウェア疲労は、大きく3つに分類できます。1つ目は、**そもそも設計していない**ことに起因するソフトウェア疲労です。2つ目は、**設計技法を使いこなしていない**ことに起因するものです。そして、3つ目は、**全体を俯瞰した設計がなされていない**ことに起因するものです。アーキテクチャ設計不在、もしくは、アーキテクト不在という状況で、個別に積み上げていくと発生するソフトウェア疲労です。

A.1 そもそも設計していない

多くのソフトウェアエンジニアは、ソフトウェアの設計技法を習得せずに、プログラミング言語を学習し、動いているソースコードを修正することが仕事という状況に陥っています。典型的な症状として、**一筆書き**と**クローン**があります。

A.1.1 一筆書き

C言語は、手続き型言語であり、手続きを並べていくと動きます。1つのモジュールで、これをして、次にこれをして、最後にこれをする、というような手続きを、まるで一筆書きのように書いていくことです。このようなソースコードは、モジュールが何をしているのかがわからないため、モジュール内部を追いかけないと理解できません。

A.1.2 クローン

同じような処理をしているコード断片を探し、そのコード断片を切り貼りするプログラミングです。同じようなコード断片が複数箇所に分散して存在するため、もし修正が必要になった場合は、すべての箇所の変更が必要になります。かなり保守性の低いソースコードであるといわれます。

次に設計技法を使いこなしていないことに起因するソフトウェア疲労を見ていきます。

A.2 設計技法を使いこなせていない

設計技法には、方法論としては構造化設計やオブジェクト指向設計、設計原則としてカプセル化やデータ抽象、設計品質として凝集度と結合度などがあります。しかし、これらの設計技法がプログラミング時に活かされてい

ないというものです。データ設計とカプセル化ができていない神様データ、1つのモジュールだけ大きくなってしまう中央集権、モジュール間の関係が入り組んでしまうスパゲティがあります。

A.2.1 神様データ

組込みプログラムは、アセンブラ時代の名残を残しているものも多く、データはグローバル領域に置くものだ、という考えで作られていることがあります。アセンブラ時代は、グローバル領域に置かないと、変数のトレースができない、ということもありました。その流れで、C言語になっても、変数は1つのファイルに入れておく、すなわち、global.cやcommon_data.cというような変数を集めたファイルを作ることがあります。

そして、それらの変数がどこで使われているかを把握するためには、検索で探すことになってしまいます。アセンブラ時代は、全体が見えていて、グローバル領域に置いていただけなので、あまり問題は発生しませんが、どこで使われているかわからないグローバルデータは大きな問題です。そのデータに変更があった場合は、多くのモジュールに変更を強いなければなりません。そのため、このようなデータを神様データと呼んでいます。

A.2.2 中央集権

数個のファイルだけ巨大で、その他は小さい、というプログラムもよく見かけます。5,000行を超える関数は中央集権といえます。そのファイルを中心に、細々とした周囲のモジュールが動くことになるからです。プログラムの動きは、その巨大なファイルが全権を握っていることになります。変更が必要なときは、その巨大なファイルの内部を理解して、その一部を変更せざるを得ません。複数のモジュールが連携して動くのではなく、その巨大なファイルに支配されているプログラムです。

A.2.3 スパゲティ

　巨大なファイルを分割すると、分割されたファイル間の関係が入り組んでしまうことがあります。ファイル間で相互に関数呼び出しをしてしまうような循環依存もできてしまいます。このようにファイル間の関係が入り組んでしまうと、変更の影響範囲を見極めること自体が困難になってしまいます。少しの修正で、予想しない箇所に不具合を生じる、というもぐらたたき状態になってしまいます。

　次に、全体を俯瞰した設計がなされていないことに起因するソフトウェア疲労を2つ紹介します。

A.3　全体設計ができていない

　組込みプログラムも、数十万行から数百万行、大きいものでは数千万行の規模も出てきました。そのような規模では、全体を俯瞰したアーキテクチャ設計が大切になります。アーキテクチャ設計がないと、そもそもプログラムとして動かない可能性もあります。最悪の場合には、動いているのが不思議、というエンジニアリングとはいえない状況に陥ってしまうことも考えられます。

A.3.1 老舗温泉旅館

　組込みプログラムは、レイヤー化アーキテクチャを採用していることが多いです。すなわち、上位に論理層、下位に物理層を配置するアーキテクチャです。最上位の論理層から、最下位の物理層への直接の呼び出しは、アーキテクチャ構造を破壊しています。老舗温泉旅館は、本館から別館に歩いて行くと、いつの間にか1階が地下につながっていたりします。温泉旅館では風情があってそれはそれで良いのですが、工業製品では、そのような無秩序はいけません。きちんとレイヤー化の規則を守るように作っていくことが大切です。

A.3.2 一枚岩

　一枚岩という言葉は、チームワークの視点では結束力があって、良い意味として使われていますが、ソースコードが一枚岩になっていてはいけません。相互に依存して、分割してコンパイルできないような状態が一枚岩です。ソースコードが一枚岩になってしまうと、変更の影響範囲全体に広がってしまうだけではなく、モジュール単位でのリリースや複数人開発も困難になります。

Appendix B ソフトウェア設計の定石

本書で挙げた良いソフトウェアの特性とソフトウェア設計の基本の一覧をここに再掲します。

● 図B.1 良いソフトウェアとは

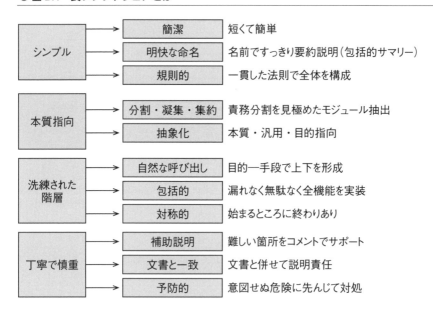

● 図 B.2　7つの設計指針と16個の要点

Appendix C 構造化モデリングの実施例

　本書では、設計とソースコードにフォーカスしましたが、トップダウンアプローチで構造化モデリングした例をここで紹介します。構造化モデリングの成果物として、イベントリスト、コンテキスト図、データ辞書、DFD、モジュール構造図を挙げておきます。

● 表 C.1　構造化モデリングの成果物

工程	主な成果物	モデル例	目的
要求モデル	イベントリスト	事象／刺激／行動／応答／影響	システムの"価値"を表現する。⇒VALUE　システムの大局を捉え、ステークホルダとの共通認識を得る。ステークホルダ：対象システムの利害関係者
システム境界	コンテキスト図	（図）	開発の適用範囲を見極める。⇒SCOPE
分析モデル	データフロー図	（図）／データ辞書	システムが"何を"実現するのかを表現する。⇒WHAT　システムの本質を見極めることで、要求の曖昧さを排除し、設計構造の指針を与える。
設計モデル	静的：モジュール構造図　動的：タスク構造図	（図）	ソフトウェアとして"どのように"動作するのかを表現する。⇒HOW　独立性が高いモジュールへ分割し、秩序だった構造を形成する。

● 表 C.2　イベントリスト

No.	イベント	スティミュラス	アクション	レスポンス	エフェクト
1	倒れそうになる	傾斜角変化	左右のタイヤを制御する	車輪駆動	姿勢を維持する
2	走行ラインからはみ出しそうになる	ライン濃淡	左右のタイヤを制御する	車輪駆動	走行ライン上を走る

● 図 C.1　コンテキスト図とデータ辞書

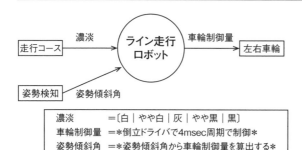

● 図 C.2　データフロー図

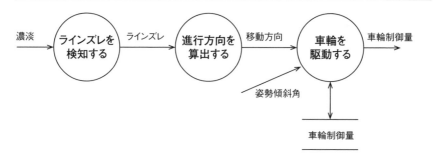

● 図 C.3　モジュール構造図

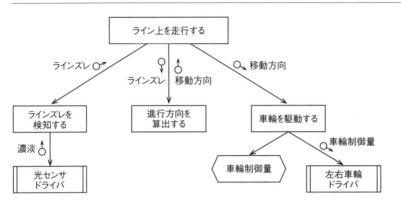

配列とポインタの文法

ここでは、これまでのソースコード例には出てこなかったものの、組込みソフトでは重要となる、配列とポインタの文法を解説していきます。

文法解説 ① 配列

たとえば、お買物ロボットで、「各店で購入する品物の数を管理したい」という要求があったとします。このようなときには配列を使うことができます。配列は、次のように宣言します。

● 配列 shopping_list の宣言

```
#define NUM_OF_SHOPS(3)
static unsigned int shoppint_list[NUM_OF_SHOPS];
```

この宣言はunsigned int型の領域をNUM_OF_SHOPS (3) 個使うことを表します。この3つの領域は連続して取られます。メモリのイメージを図で表すと次のようになります。

配列 shopping_list

	shopping_list[0]
	shopping_list[1]
	shopping_list[2]

個々のunsigned int型の領域を、配列shoppint_listの要素と呼びます。この配列の要素の数はNUM_OF_SHOPS (3) 個です。配列の各要素には、次のように添え字を使ってアクセスします。

先頭要素　　shopping_list[0]（添え字は0 ゼロ）
次の要素　　shopping_list[1]（添え字は1）
最後の要素　shopping_list[2]（添え字は2）

225

最後の要素の添え字が、2 (NUM_OF_SHOPS − 1) であることに注意してください。C言語の場合、配列の添え字はゼロから始まるので、最後の要素の添え字は、「(要素の数 − 1)」になります。

配列も、通常の変数と同様、宣言時に初期化することができます。

● **配列 shopping_list の初期化**

```
static unsigned int shopping_list[NUM_OF_SHOPS] = {
  2,   /* 精肉店での買物点数 */
  3,   /* 八百屋での買物点数 */
  1    /* 酒屋での買物点数 */
};
```

それぞれの要素は、次のように初期化されます。

配列shopping_list

2	shopping_list[0]
3	shopping_list[1]
1	shopping_list[2]

文法解説 ❷ 配列とループ (for文)

配列の要素に順次アクセスしたいときには、次のように for 文によるループを使うことができます。

次の例では、配列 shopping_list のすべての要素にゼロを代入しています。

● **for 文によるループで配列へのアクセス**

```
unsigned int i;
for (i = 0; i < NUM_OF_SHOPS; ++i) {
  shopping_list[i] = 0;
}
```

for 文の ( ) 内には、セミコロンで区切って3つの式を記述することができます。1番目の式は、最初に一度だけ実行されます。上記例では「i = 0」です。2番目の式は、ループを繰り返すか中断するかを判定するための式です。上

記例では「i < NUM_OF_SHOPS」です。この式が成立している間は、処理が繰返し実行されます。最後の式は、繰返しが1回終わるたびに実行されます。上記例では「++i」です。繰り返すべき処理は、for() に続く文です。上記例では、次の文になります。

● **繰り返し実行される処理**

```
{
  shopping_list[i] = 0;
}
```

for文によるループは、次のように実行されます。

① i = 0;　　　　　　　　iにゼロを代入
② i < NUM_OF_SHOPS;　「i < NUM_OF_SHOPS」は成立　→　繰り返す
③ shopping_list[i] = 0;　shopping_list[0]にゼロを代入
④ ++i;　　　　　　　　iをインクリメント (iは1)
⑤ i < NUM_OF_SHOPS;　「i < NUM_OF_SHOPS」は成立　→　繰り返す
⑥ shopping_list[i] = 0;　shopping_list[1]にゼロを代入
⑦ ++i;　　　　　　　　iをインクリメント (iは2)
⑧ i < NUM_OF_SHOPS;　「i < NUM_OF_SHOPS」は成立　→　繰り返す
⑨ shopping_list[i] = 0;　shopping_list[2]にゼロを代入
⑩ ++i;　　　　　　　　iをインクリメント (iは3)
⑪ i < NUM_OF_SHOPS;　「i < NUM_OF_SHOPS」は成立しない！
　　　　　　　　　　　→　for文を終了

これでfor文の実行が終わり、配列の要素がすべてゼロになりました。
ところで、配列の扱いには少し注意が必要です。たとえば、次の例のようにfor文の条件の不等式を「<」と記述すべきところを間違えて「<=」とすると、shopping_list[3]にゼロが代入されてしまいます。

● 配列の範囲を超えた、間違ったアクセスの例

```
unsigned int i;
for (i = 0; i <= NUM_OF_SHOPS; ++i) {
  shopping_list[i] = 0;
}
```

　このような間違った記述がコンパイルエラーにならないこともあるので、配列を使うときには、添え字の値に注意して、配列の範囲内だけをアクセスするようにしましょう。

文法解説 ❸ ループ（for文、while文、do文）

　繰返し処理を実行するときは、for文以外にwhile文、do文（通称、do-while文とも呼ばれます）を使うことができます。

　同じ処理をN回繰り返すプログラムを、for文、while文、do文で書くと、それぞれ次のようになります。

● N回繰り返す（for文）

```
unsigned int i;
for (i = 0; i < N; ++i) {
  /* (i + 1)回目の処理 */
}
```

● N回繰り返す（while文）

```
unsigned int i;
i = 0;
while (i < N) {
  /* (i + 1)回目の処理 */
  ++i;
}
```

● N 回繰り返す（do 文）

```
unsigned int i;
i = 0;
do  {
  /* (i + 1)回目の処理 */
  ++i;
} while (i < N);
```

　while 文と do 文では while に続く () 内の式によって、繰り返すか、繰返しを中断するかを判定します。いずれも () 内の式が成立するとき、すなわち真のときに繰返しが実行されます。do 文の {} 内部は、最初の 1 回は必ず実行されます。for 文と while 文は、N がゼロのときは、繰返し処理が一度も実行されません。こうしてみると、N 回数えるときには for 文がわかりやすくて便利であることがわかります。

　次に、int 型の func 関数の値がゼロになるまで繰り返すプログラムを、3 つの文で書いてみます。

● int 型の関数 func がゼロになるまで繰り返す例（for 文）

```
int x;
x = func();
for (; x != 0;) {
  x = func();
}
```

● int 型の関数 func がゼロになるまで繰り返す例（while 文）

```
int x;
x = func();
while (x != 0) {
     x = func();
}
```

● int 型の関数 func がゼロになるまで繰り返す（do 文）

```
int x;
do  {
     x = func();
} while (x != 0);
```

この場合には、do 文のほうがわかりやすいですね。

一般に for 文は、配列を順次処理する場合や、回数を数えるときに使います。while 文は、繰返し処理に広く使えます。do 文は、「最初の 1 回は条件に関わらず実行する」ことを強調したいときに使うことができます。

文法解説 ❹ ポインタの基本

ポインタは、C言語を学習する上で、1つのハードルといわれています。実際には「**データはメモリ上に格納される**」ことをイメージできれば、難しいものではありません。

ここでは、ポインタについて、順を追って説明していきます。まずは基本から押さえていきます。

次の2つの宣言を見てください。

「int x;」は変数 x の定義で、x が int 型であることを表しています。x という名前で、メモリ上の領域を使うことができます。たとえば「x = 10;」とすると、メモリに整数値 10 を保存することができます。

```
x = 10;
```

同様に「int *p;」は、変数 p の定義で、p が「int *」型であることを表して

います。「int *」型は「intへのポインタ型」と呼ばれる、メモリ上の型です。たとえば、「p = &x;」とすると、メモリに変数xのアドレスを保存することができます。ここで、「&」はアドレス演算子と呼ばれ、「&x」は変数xのアドレスを表します。

```
p = &x;
```

すると、間接演算子「*」によって、pを介してxにアクセスできるようになります。たとえば「*p = 0;」とすると、変数xにゼロを代入できます。

```
*p = 0;
```

このとき、変数pのことを「変数xを指し示すもの」という意味で「ポインタp」と呼びます。

一連の流れをまとめてみましょう。

① x = 10;   xに10を代入
② p = &x;   pに変数xのアドレスを代入
③ *p = 0;   *pを使ってxにゼロを代入

②の記述以降は、xを使わなくてもポインタpを介して変数xにアクセスできることがわかるでしょうか。まずは、いったんここまでを理解してください。

このような仕組みはどのようなときに役立つでしょうか。この例では、わざわざポインタpを介して③のような書き方をしなくても、直接変数xにゼロを代入することができますからポインタpは不要ですね。

次の「ポインタと関数」で、ポインタが役に立つ例について説明します。

文法解説 ⑤ ポインタと関数

　C言語の関数は、値を1つしか返すことができません。すなわち、戻り値は1つだけです。では、呼び出し元に複数の情報を返したいときはどのようにすれば良いでしょうか。

　たとえば、ある関数が引数を受け取って計算結果を返すとしましょう。この関数に次の機能を追加することを考えます。

　　追加機能：引数が正しくないときには、引数が正しくないことを通知する

　つまり「引数が正しいか／正しくないか」と「計算結果」という2つの情報を、呼出し元に返したいわけです。このようなときに、ポインタを使うことができます。

　このことを、第2章の「コード例13　Navi.c」(43ページ参照)の関数である「directionVector_t nv_naviCourse(diffCourse_t)」を例にして説明してみます。

　まず、戻り値で「引数が正しい／引数は正しくない」のどちらかを返すことにします。次に計算結果を、「ポインタ型の引数」を介して返すことにします。新しいnv_naviCourseは、次のような仕様になります。

```
error_t nv_naviCourse(diffCourse_t, directionVector_t *);
```

　error_t型は、次のように宣言して定義しておきます。

● error_t 型の宣言

```
typedef enum {
    eParamError, /* エラー発生 */
    eParamOK     /* 正常終了 */
} error_t;
```

● コード例1　新関数 nv_naviCourse

```c
/***********************************************************
 * 関数名 : nv_naviCourse
 * 機能   : コースをナビゲートする
 * 引数   : diff  ラインズレ
 *          p     方向指示を格納する領域へのポインタ
 *                引数が正しいときは、*pに方向指示を格納する
 *                引数が正しくないときは、*pに何も格納しない
 * 戻り値 : eParamOK 引数が正しいとき / eParamError 引数が正しくないとき
 * 備考   :
 ***********************************************************/
error_t nv_naviCourse(diffCourse_t diff, directionVector_t *p)
{
    directionVector_t   navi;
    error_t             err;

    /* 前後方向は常に「前進」 */
    navi.forward = eMoveForward;
    /* 引数が正しいときの戻り値はeParamOK */
    err = eParamOK;

    /* 左右のブレの補正 */
    switch (diff) {
    case eNoDiff:
        navi.turn = eStraight;
        break;
    case eDiffRight:
        navi.turn = eTurnLeft;
        break;
    case eDiffLeft:
        navi.turn = eTurnRight;
        break;
    default:
        /* 引数が正しくない */
        err = eParamError;
        break;
    }

    if (err == eParamOK) {
        *p = navi;
    }

    return err;
}
```

nv_naviCourse関数の引数diffとpのメモリのイメージを書くと次のようになります。

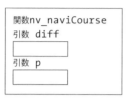

新しく定義したnv_naviCourse関数を呼び出すtr_traceCourse関数の記述は、次のようになります。

● コード例2　nv_naviCourse関数を呼び出すtr_traceCourse関数

```
/***********************************************************
 * 関数名 ： tr_traceCourse
 * 機能   ： コースをトレースしながら走行する
 * 引数   ： なし
 * 戻り値 ： なし
 * 備考   ：
 ***********************************************************/
static void tr_traceCourse(void)
{
    error_t             err;     /* nv_naviCourse の引数チェックの結果 */
    diffCourse_t        diff;    /* コースとのズレ */
    directionVector_t   drct;    /* 進行方向 */

    diff = cs_detectDifference();         /* ズレを検出する */
    err = nv_naviCource(diff, &drct);     /* 進行方向を決める */
    if (err == eParamOK) {
        dr_move (drct);                    /* 進行方向に進む */
    } else {
        /* エラー処理(省略) */
    }
    return;
}
```

nv_naviCourse関数を呼び出している次の部分について説明します。

```
err = nv_naviCourse(diff, &drct);
```

　tr_traceCourse関数には、変数drctが宣言されています。変数drctは、nv_naviCourse関数から直接アクセスすることはできません。

　tr_traceCourse関数が、nv_naviCourse関数に変数drctのアドレス「&drct」を渡していることに注目してください。関数の引数の受け渡しは、あたかも受け取る側の引数pに、渡す側の引数&drctが代入されるように行われます。すなわち、次の「p = &drct;」の実行と同じことが起こります。

```
p = &drct;
```

　このことによってnv_naviCourse関数で、*pを使ってtr_traceCourse関数の変数drctにアクセスできます。「ポインタの基本」のところで述べた内容です。

　したがって関数内で次の式が実行されると、tr_traceCourse関数の変数drctが書き換わります。

```
*p = navi;
```

　呼び出し元のtr_traceCourse関数のdrctが、nv_naviCourse関数の計算結果に書き換わりました。一方、tr_traceCourse関数は、戻り値として「引数が正しいか／正しくないか」の情報も受け取っています。これでtr_traceCourse関数はnv_naviCourse関数から2つの情報を受け取ることができました。

　ポインタの仕組みは、このように、呼び出し元の関数で宣言された変数を、呼び出し先の関数から書き換えたいときに使うことができます。

　それでは、もし呼び出し元の記述を間違って、次のようにするとどうなるで

しょうか。

```
err = nv_naviCourse(diff, drct);
```

「&drct」と記述すべきところを誤って「drct」となっています。この場合、引数の受け渡し時に次のことが起こります。

```
p = drct;
```

引数 p
→ ???

nv_naviCourse関数は変数drctのアドレスを受け取ることができていません。

nv_naviCourse関数内の次の部分が実行されると何が起こるでしょうか。

```
*p = navi;
```

状況は、コンパイラや実行環境によって異なります。たとえば、

- 「err = nv_naviCourse(diff, drct);」がコンパイルエラーになって実行コードが生成されないため、「*p = navi;」が実行されることはない
- コンパイラは警告を出力するが、実行コードも生成される
- 生成された実行コードは実行できるが、正しい結果を得ることができない
- 生成された実行コード実行中にエラーが発生して、プログラムが停止する

などです。

コンパイルエラーになれば修正することができます。やっかいなのは、実行コードが生成されてしまう場合です。ポインタの誤りが原因のエラーは、見つけにくいことが多いのです。

「使い方を誤るとやっかいなことが起こる」

これが、ポインタ利用のハードルを高くしている理由のひとつです。基本をよく理解し、基本に忠実にプログラムを書くように心がけましょう。筆者は、考えたり説明したりするときに、よくメモリイメージの絵を描くようにしています。ポインタと変数の関係がわかりやすくなるお勧めの方法です。

文法解説 6 ポインタと配列

「文法解説2：配列とループ（for文）」では、次の例を説明しました。

● ループによる配列へのアクセス

```
unsigned int i;
for (i = 0; i < NUM_OF_SHOPS; ++i) {
  shopping_list[i] = 0;
}
```

ここで、配列の先頭要素（添え字ゼロの要素）のアドレスをポインタに代入し、ポインタを使って、上記の例と同じことを実行するプログラムを作ってみます。

● ポインタによる配列へのアクセス

```
unsigned int shopping_list[NUM_OF_SHOPS];
unsigned int *p;
unsigned int i;

p = &shopping_list[0];

for (i = 0; i < NUM_OF_SHOPS; ++i) {
    p[i] = 0;
}
```

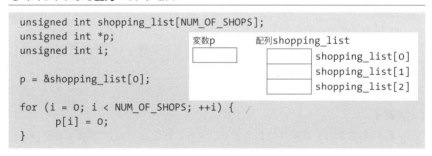

この仕組みについて、順を追って説明します。まず、pの宣言文と、pへの代入文によって何ができるようになるでしょうか。

「ポインタの基本」に戻ってこの式を読み解くと次のようになります。

ポインタpにshopping_list[0]のアドレスを代入したので*pを使ってshopping_list[0]をアクセスできます。
すなわち、たとえば「*p = 0;」とすると、shopping_list[0]にゼロが代入されます。

変数p　配列shopping_list

ここからは新しい内容です。

ポインタと整数の加算

　ポインタが配列の要素のアドレスのときには、ポインタに整数を加えることができます。

　整数1を加えた結果は、「配列の次の要素のアドレス」と定義されています。すなわち、式「p + 1」は「shopping_list[0]の次の要素」のアドレス、shopping_list[1]のアドレスということです。次の記述でshopping_list[1]にゼロが代入されることがわかるでしょうか。

```
*(p + 1) = 0;
```

　式「p + 1」はshopping_list[1]のアドレスです。「ポインタの基本」に戻って考えると、間接演算子「*」を使って「*(p + 1)」とすると、shopping_list[1]をアクセスできます。

　次に、配列の添え字を示すときに使われる[]演算子を、あらためて定義します。

[ ]演算子

　配列の要素のアドレスであるポインタpと整数iに対して*(p + i)をp[i]と書きます。

　つまり、「p[1] = 0」と「*(p + 1) = 0」の2つの式は、同じことを表しています。

　添え字をゼロにすると、「*(p + 0)」と「p[0]」は同じことを表しています。

すなわち、「*p」と「p[0]」の2つの式は同じ意味です。まとめてみます。

p[0]を使ってshopping_list[0]をアクセスできる。同様に、
p[1]を使ってshopping_list[1]を、
p[2]を使ってshopping_list[2]をアクセスできる。

最後にもう一度、配列とポインタについてまとめておきます。

```
unsigned int shopping_list[NUM_OF_SHOPS];
unsigned int *p;
unsigned int i;

p = &shopping_list[0];
```

変数p　　配列shopping_list
p[0]···*(p+0)
p[1]···*(p+1)
p[2]···*(p+2)

とすると、上記代入によって
p[0]を使って shopping_list[0] を
p[1]を使って shopping_list[1] を
p[2]を使って shopping_list[2] を
それぞれアクセスできる

文法解説 ❼ ポインタと配列と関数

　文法解説6で説明したポインタと配列が役に立つのは、関数を使って配列を処理するときです。例として、配列のすべての要素にゼロを代入するresetElements関数を作ってみます。引数は2つ、配列の先頭アドレスと、要素の数です。

● コード例3　配列を引数に持つ resetElements 関数

```
/************************************************************
 * 関数名　： resetElements
 * 機能　　： 配列pのすべての要素にゼロを代入する
 * 引数　　： p       配列の先頭アドレス
 *           size    配列のサイズ
 * 戻り値　： なし
 * 備考　　：
 ************************************************************/
void resetElements(unsigned int p[], unsigned int size)
```

```
{
    unsigned int i;

    for (i = 0; i < size; ++i) {
        p[i] = 0;
    }
    return;
}
```

次に、resetElements関数を呼び出して、配列shopping_listの各要素にゼロを代入してみます。

```
resetElements(shopping_list, NUM_OF_SHOPS);
```

これらには、まだ説明していない内容が2つ含まれています。1つ目はresetElements関数を定義している部分の1つ目の引数の宣言です。

```
unsigned int p[]
```

となっていますね。これは、「unsigned int *p」と書くことと同じです。もうひとつは、関数呼出しresetElements(shopping_list, NUM_OF_SHOPS);の1つ目の引数です。

```
shopping_list
```

と、配列の名称だけが書かれています。これは、「&shoppingList[0]」と書くことと同じです。

では、次のように書き直して、プログラムを読んでみましょう。

● コード例4　書き直した関数 resetElements

```
/************************************************************
 * 関数名 : resetElements
 * 機能   : 配列pのすべての要素にゼロを代入する
```

```
 * 引数   : p       配列の先頭アドレス
 *          size    配列のサイズ
 * 戻り値 : なし
 * 備考   :
 ************************************************************/
void resetElements(unsigned int *p, unsigned int size)
{
    unsigned int i;

    for (i = 0; i < size; ++i) {
        p[i] = 0;
    }
    return;
}
```

● **書き直した関数 resetElements の呼出し**

```
resetElements(&shopping_list[0], NUM_OF_SHOPS);
```

関数呼出しの引数の受け渡しのときに、次の代入と同様のことが起こります。

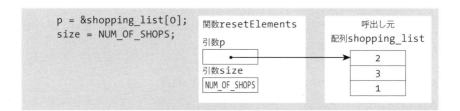

そうすると、resetElements関数でp[i]を使って呼出し元の配列shopping_list[i]をアクセスできるようになります。resetElementsを使って、shopping_listのすべての要素にゼロを代入できることがわかります。

ここでもう一度、unsigned int p[]の宣言について触れておきます。この宣言はunsigned int *pと同じ意味だと書きました。「引数の宣言のときだけ」unsigned int p[] と unsigned int *pと同じ意味になります。

「unsigned int p[]」と書くことによって、pが配列の先頭アドレスであることが伝わりやすくなります。

また、関数を呼び出す記述「resetElements(&shopping_list[0], NUM_OF_SHOPS);」の「shopping_list」は、&shoppingList[0]と同じ意味で、型は、(unsigned int *)型です。C言語では、「配列名は配列の先頭アドレスを表す」と決められています。

　しかしこれには例外があって、「配列名が配列全体を表す」場合があります。以下の2つです。

- sizeof(shoppingList)は、配列全体のバイト数を表します
- &shoppingListは、配列全体のアドレスを表します

&shoppingListの型は、(unsigned int *)型ではなく、unsigned int (*)[NUM_OF_SHOPS]型です。ややこしいですね。このことも、ポインタがハードルになってしまっている理由のひとつだと思います。けれども、この知識は、二次元配列の仕組みを正確に理解するときに役立ちます。二次元配列を学習するときにはぜひ思い出してください。

文法解説 ⑧ 予防的プログラミングとNULL

　文法解説7で説明した次のプログラムについて、「予防的」という視点で少し検討してみます。

● コード例5　予防的ではないresetElements関数（再掲）

```
/***********************************************************
 * 関数名   : resetElements
 * 機能     : 配列pのすべての要素にゼロを代入する
 * 引数     : p     配列の先頭アドレス
 *            size  配列のサイズ
 * 戻り値   : なし
 * 備考     :
 ***********************************************************/
void resetElements(unsigned int p[], unsigned int size)
{
    unsigned int i;

    for (i = 0; i < size; ++i) {
```

```
            p[i] = 0;
        }
    return;
}
```

　resetElements関数は、第一引数に「要素がsize個で型がunsigned int型の配列の先頭要素のアドレス」が渡されたときだけ、正しく動作します。アドレスが正しくないときは正しく動作しません。コンパイルエラーにならず、実行時エラーになるかもしれないのでしたね。関数内で、引数pが正しいアドレスかどうかをチェックするのは困難ですから、この関数に引数を渡すときには注意が必要です。

　それはそうなのですが、「せめてできるチェックはしよう」ということで書き直してみます。

● コード例6　予防的な視点で書き直したresetElements関数

```
#include <stdlib.h>

/*************************************************************
 * 関数名   : resetElements
 * 機能     : 配列pのすべての要素にゼロを代入する
 *            pがNULLのときは何もしない
 * 引数     : p       配列の先頭アドレス
 *            size    配列のサイズ
 * 戻り値   : なし
 * 制約     : pは、要素size個のunsigned int型の配列の先頭であること
 * 備考     :
 *************************************************************/
void resetElements(unsigned int p[], unsigned int size)
{
    if (p != NULL) {
        unsigned int i;

        for (i = 0; i < size; ++i) {
            p[i] = 0;
        }
    }
    return;
}
```

ここで、新しい記述NULLが出てきました。これは、C言語の標準ヘッダで定義されているマクロで、「アドレスでない」ことを表す値です。空ポインタ定数と呼ばれています。上記の例では、NULLを使うために標準ヘッダstdlib.hをインクルードしています。

　上記の意図は、せめて引数pとして「アドレスではない値NULL」が渡されてしまったときだけは何もせずに終わらせよう、そうすれば少なくともNULLへのアクセスという実行時エラーは防ぐことができる、というものです。

　「引数pの値がNULLである」というのは、本来起こらないはずのことです。しかし、万が一不測の事態が起こってNULLになってしまったときのために事前に確認しているわけです。このようなプログラミングは、予防的プログラミング、あるいは防衛的プログラミング、防御的プログラミングなどと呼ばれています。

Index

英数字

.c ファイル	29
.h ファイル	29
[ ] 演算子	238
#define	31
#include	31
2階層ルール	13
3層構造	170
7±2の法則	2
BOSSモジュール	62, 77, 249
char	34
Data Flow Diagram	249
Decision Table	249
DFD	249
double	34
do文	228
DT	249
enum定義	38
extern宣言	30
float	34
for文	226
HOWの名称	152
if文	48
includeガード	42
int	34
IO分離	173
main関数	27
MVC	174
NULL	242
SC	249
signed	34
State Transition Diagram	249
static宣言	154
Structure Chart	249
STS	77
STS分割	173, 249
SysML	249
typedef	39
UI分離	174
UML	249
unsigned	34
WHATの名称	152
while文	228
WHY法	10

あ行

値	81
一時的凝集度	185
一枚岩	219
イベントリスト	223, 249
インタフェース	30
インタフェース定義	167
エージェントモジュール	77
閲覧性の制約	14
エラートレランス	19
演算モジュール	43
横断的関心	175
置き換え処理	31

か行

用語	ページ
下位駆動	177
外部変数	36
賢い関数	76
型	34
カップリング	192, 249
カプセル化	51, 154
神様データ	217
簡潔	1
関心事の分離	151
関数定義	29
関数の行数	52
関数の名前	52
関数の肥大化	101
関数呼び出し	29
規則的	6
機能実現部	249
機能の依存関係	11
凝集	7
凝集度	184, 250
共有結合	101, 195
偶発的凝集度	186
クラス図	85
クローン	216
結合度	192, 250
決定表	106, 250
構造化	70
構造図	55, 250
構造図の表記法	79
構造設計	67
構造体	48, 82
コーリングシーケンス	69, 78, 250
コヒージョン	184, 250
コミュニケーション図	86
コンテキスト図	223, 250
コンポーネント	88, 250
コンポーネント構造図	76, 87
コンポーネント図	75

さ行

用語	ページ
シーケンス図	86
自己説明性	6
事実データ	250
システム形状	71, 199
システムの科学	17
自然な呼び出し	11
実現可能性調査	210
実装ファイル	29
実体関連図	80
老舗温泉旅館	218
修飾子	34
集約	8
出力部	63
出力モジュール	44
上位駆動	176
仕様変更	95
ジョージ・ミラー	2
シンプル	1
シンメトリ	178
垂直パーティショニング	172
垂直分割	77
水平分割	77
水平レイヤリング	169
スコープ	35
スタック	162
スパゲティ	218
図面化	73
正規化	161
制御結合	194
整数型	34

246

静的構造……………………………250
静的構造設計………………………67
責務分割の劣化……………………103
設計意図……………………………74
設計の主題…………………………206
セマンティックシフト……………174
線……………………………………71
線の設計……………………………72
ソフトウェア設計…………………67
ソフトウェア疲労…………………101

た行
対称性………………………………178
対称的…………………………16, 63
タスク構造図………………………93
単一責務…………………………50, 151
段階的詳細化…………107, 209, 210
短期記憶……………………………2
単精度浮動小数点数………………34
単方向依存…………………………166
単方向の依存性……………………64
置換可能……………………………168
逐次的凝集度………………………185
チャールズ・ミンガス……………2
中央集権……………………………217
中間BOSSモジュール……………77
中間駆動……………………………177
抽象化………………………………10
中心ファイル………………………206
通信的凝集度………………………185
ディシジョンテーブル………106, 250
データ………………………………250
データ結合…………………………193
データ構造………………………75, 80
データ辞書………………81, 223, 250

データ設計ファースト……………156
データ抽象…………………………162
データ中心アプローチ……………163
データフロー図………………223, 250
手順的凝集度………………………185
伝播ルート…………………………175
動作仕様……………………………22
動的構造…………………………93, 250
動的構造設計………………………67
倒立モジュール……………………22
ドライバ層…………………………77

な行
内部データ…………………………251
内部変数……………………………35
内容結合……………………………196
肉付け………………………………210
入力部………………………………63
入力モジュール……………………36

は行
パーツ………………………………257
ハーバート・A.サイモン…………17
倍精度浮動小数点数………………34
配置…………………………………71
配置の設計…………………………72
ハイブリッド結合…………………195
配列………………………………82, 225
配列とループ………………………226
箱………………………………70, 251
箱の設計……………………………71
パッケージ…………………………251
バンドリング結合…………………194
引数…………………………………64
ひとこと動詞………………………8

一筆書き………………………… 216
一筆書きプログラム …………… 69
ファイル構成 …………………… 23
ファイル構造図 ……………… 76, 83
フォールトトレランス …………… 19
フォルダ………………………… 251
符号付き ………………………… 34
符号なし ………………………… 34
部品化再利用 ………………… 212
プリプロセッサ ………………… 31
プロアクティブ ………………… 74
フローチャート ………………… 69
プロダクトライン開発 ………… 212
ブロック ……………………… 251
分割 ……………………………… 7
分割統治 ……………………… 151
分岐 ……………………………… 48
ヘッダファイル ………………… 29
変数 ……………………………… 34
変数スコープ ………………… 207
ポインタ ……………………… 230
ポインタと配列 ……………… 237
包括的 ………………………… 13
包括的サマリー ………………… 4
ポート ………………………… 88
補助説明 ……………………… 18
本質指向 ………………………… 7
本質データ …………………… 156

ま行

明快な命名 ……………………… 3
文字型 ………………………… 34
モジュール ………………… 181, 251
モジュール化 ………………… 70

モジュール構造 ……………… 11, 75
モジュール構造図 …… 55, 76, 224, 251
モジュール構造の劣化 ……… 101
モジュールの粒度 …………… 91
モジュラリティ ……………… 181
モスク型 ……………………… 200
戻り値 ………………………… 64
問題ドメインの名称 ………… 152

や行

有効期間 ……………………… 35
良いソースコード ……………… 1
要求仕様 ……………………… 21
呼び方 ………………………… 30
呼び出し関係 ………………… 55
予防的 ………………………… 18

ら行

リアクティブ ………………… 74
リバースアプローチ ………… 208
リファクタリング …………… 166
粒度 …………………………… 91
ループ ………………………… 228
列挙型 ………………………… 82
レベリング …………………… 165
レベル化 ………………… 71, 165
論理的凝集度 ………………… 186

用語辞書

用語	説明
【アルファベット】	
BOSSモジュール	機能全体を統轄し制御する、複数のサブモジュール達の親玉となる上位モジュールのこと。
Data Flow Diagram	→ データフローダイアグラム
DFD	→ データフローダイアグラム
Decision Table	→ 決定表
DT	→ 決定表
Structure Chart	→ 構造図
SC	→ 構造図
State Transition Diagram	→ 状態遷移図
STS分割	機能を源泉（Source）、変換（Transform）、吸収（Sink）に3分割し、それらを制御するBOSSモジュールを上位に配置する手法。構造化設計における代表的なモジュール分割手法のひとつ。
SysML	Systems Modeling Languageの略。主にシステムの分析や設計で使用されるモデリング言語。
UML	Unified Modeling Languageの略。主にソフトウェアの分析や設計で使用されるモデリング言語。
【あ行】	
イベントリスト	システムやモジュールの入出力の分析や入出力仕様の記述に用いる記法。システム外部の外部エンティティ（人、もの）が自発的に発生させるイベント（事象）、イベントが原因となって対象システムに入力されるスティミュラス（入力データ）、システムの応答結果であるレスポンス、レスポンスによってシステム外部エンティティが受けるエフェクト（影響）の4つの組み合わせを1アイテムとしたリストを記述する。
【か行】	
カップリング	→ 結合度
機能実現部	要求、問題ドメインの本質を実現するために動作するプログラムの部分。 初期化・終了（前処理、後処理）やユーザインタフェース（外界との接点）は、機能実現部に含まない。

用語	説明
凝集度	箱（ブロック）の設計尺度。モジュール内の要素の結びつきの強さ、および単一の目的のみを有しているかを示す。高いほど、モジュールとして堅牢であり望ましいとされる。
結合度	線の設計尺度。モジュール間の依存、結びつきの強さを示す。弱いほど各モジュールの独立性が高く望ましいとされる。
決定表	入力や条件に対する出力もしくは動作を決定するための表。機能仕様の記述に用いる。真理値表、ディシジョンテーブルとも呼ばれる。
構造図	→ モジュール構造図
コーリングシーケンス	他のモジュールを呼び出すコンピュータ命令の流れ。主に呼び出し順序に着目している。
コヒージョン	→ 凝集度
コンテキスト図	システム全体を表す最上位のDFD。システム全体を「○」、システム外部の実体を「□」で表し、それらの間のデータ／制御の入出力フローを名前付き矢印で表す。
コンポーネント	静的構造における機能ブロックの粒度の一種。C言語では、複数のパーツをフォルダに集めることで、コンポーネントを作成することができる。 → パーツ
【さ行】	
静的構造	責務や機能の単位を表した構造。箱と線でつないだもの。箱の単位がモジュール、線は依存と呼び出し。
事実データ	問題ドメインに存在するデータ。 操作マニュアルなどにも出現するユーザが理解できる用語。例：エアコンの「温度」など。 状態変数やモード変数のようにプログラムのための変数は「内部データ」と呼ぶ。
【た行】	
データ	ソフトウェア中で、何らかの概念を数値や文字で示したもの（一般には、何らかの処理や判断を行うための資料や事実）。
データ辞書	用語の定義をBNF記法で列記した一覧表。データディクショナリと呼ばれることもある。
データフロー図	プロセス（システムを分轄したもの）を○で表し、プロセスへのデータの入出力を矢印で表した図。構造化分析で使用する。
ディシジョンテーブル	→ 決定表
動的構造	タスクや割込みなどの実行の単位（処理単位）の時間的前後関係や並行動作の構造。

用語	説明
【な行】	
内部データ	プログラムのために人工的に作り上げたデータ。 状態変数やモード変数など。 ※状態やモードも、外部から見える（操作マニュアル）ものもある。その場合は「事実データ」となる。
【は行】	
パーツ	ヘッダファイル（.h）と実装ファイル（.c）のペア。 別名：部品
箱	構造を表現する要素。 ソフトウェアの視点では「モジュール」、システムやハードウェアの視点では「ブロック」と呼ばれることが多い。 別名：モジュール、ブロック
パッケージ	意味のあるファイルの集合体。 再利用単位やリリース単位。 設計の単位としては「コンポーネント」と呼ぶ（本書では「パッケージ」は使わない）。 別名：フォルダ
フォルダ	ソースコードを管理するディレクトリ。 フォルダは、構成管理の視点ではパッケージと呼ぶこともあり、設計の視点では「コンポーネント」と呼ぶことがある。 別名：パッケージ、コンポーネント
ブロック	構造を表現する要素。 ソフトウェアの視点では「モジュール」と呼ばれることが多い。 別名：箱、モジュール
【ま行】	
モジュール	ある機能を実現するための処理の塊。一般にモジュール内には関連の深い処理やデータを集めるので、内部の結合は強い。逆に他のモジュールとは相対的に結合が弱い。 モジュールにはさまざまな粒度が考えられ、内部で結びつきが強いのであれば、処理ブロック、ソースコードファイル、フォルダもモジュールと見なすことができる。本書では、ファイルの中で、.hと.cのペアを「部品」「パーツ」と呼ぶ。フォルダ単位は「コンポーネント」と呼ぶ。
モジュール構造図	ソフトウェアモジュール、変数とその間の関係（呼び出し、制御、データ）を記述した図。構造化設計で使用する。 構造化設計の構造図（ストラクチャチャート）

参考文献

書籍

『組込みソフトウェア開発のための構造化モデリング』
SESSAME WG2著、翔泳社、2006
SESSAME WG2による、構造化分析、設計手法の教科書。本書の前身でもある。

『システムの科学』
ハーバート・A.サイモン著、稲葉元吉／吉原英樹訳、パーソナルメディア、1999
モジュール化研究の古典中の古典。17ページのコラムで示している通り、2階層ルールに関連する言及も存在。

『プログラミング言語C 第2版 ANSI規格準拠』
B.W.カーニハン／D.M.リッチー著、石田晴久訳、共立出版、1989
C言語の開発者によるC言語のバイブル。世界中の言語に翻訳されている。

『ソフトウェアの複合／構造化設計』
G.J.マイヤーズ著、国友義久／伊藤武夫訳、近代科学社、1979
1978年のG.J.マイヤーズの著書『Composite/Structured Design』の邦訳。「モジュール強度」と「結合度」を提唱。

論文・その他

「入出力を中心とした機能表現と動詞を中心とした機能表現の比較と分析」
吉岡真治、Ralf Stefan Lossack、梅田靖、冨山哲男
東京大学のいわゆる「設計学」研究チームによる機能の表現の仕方の比較と、その違いがもたらすモデリングツールへの影響の研究。ここに、機能の3表現である「動詞」「入出力」「状態変換」が紹介されている。

「The Magical Number Seven, Plus or Minus Two: Some Limits on Our Capacity for Processing Information」
ジョージ・ミラーの1956年の論文。人間が短期記憶で覚えられるのはのせいぜい7±2個だという心理学の理論を提唱。

「On the Criteria To Be Used in Decomposing Systems into Modules」
David. L. Parnas, Carnegie-Mellon University, Communication of the ACM, December 1972, Volume 15, Number 12
1972年のParnasの論文。情報隠蔽（information hiding）の概念を初めて提唱。現在の

「カプセル化」「インタフェース指向」の考え方の基を築く。
http://www.cs.umd.edu/class/spring2003/cmsc838p/Design/criteria.pdf
https://en.wikipedia.org/wiki/Information_hiding#CITEREFParnas1972

「On the role of scientific thought」
Edsger W.Dijkstraの1974年の論文。「関心事の分離」(the separation of concerns)を提唱。
http://www.cs.utexas.edu/users/EWD/transcriptions/EWD04xx/EWD447.html

「Structured Design: Fundamentals of a Discipline of Computer Program and Systems Design」
Larry L.Yourdon, Constantine
「凝集度」と「結合度」を解説。

「ISO/IEC9899:1999 Programming language C」
C文法の国際標準。PDFはダウンロード可能。
http://cs.nyu.edu/courses/spring13/CSCI-GA.2110-001/downloads/C99.pdf 等

「UML specification / SysML specification」
世界標準のソフトウェア、システムモデリング言語の仕様書。OMGのホームページからダウンロードすることができる。
http://www.omg.org/spec/UML/
http://www.omg.org/spec/SysML/

「IEEE Std 610.12-1990, IEEE Standard Glossary of Software Engineering Terminology」
ソフトウェア工学関連の用語集。自己説明性、クリティカルピースファーストなど、日常のソフトウェア開発における会話で役立つ表現が多数掲載されている。現在は後継のISO/IEC/IEEE 24765:2017に引き継がれ、Publicly Available Standardsとして無料でダウンロードできる。
https://standards.iso.org/ittf/PubliclyAvailableStandards/

「ISO9126」
ソフトウェアの品質特性と評価に関する一連の国際規格。有名な品質6特性「機能性」「信頼性」「使用性」「効率性」「保守性」「移植性」を定義している。

著者紹介

宇野　結（ビースラッシュ株式会社）
「これからのマイコンソフトは、アセンブリ言語からC言語に」という時代にマイコンに出会い、コンパイラなどの仕事に従事。今もなんとか新しいC言語規格やコーディングスタンダードを追いかけている。一方、当時の上司の言葉「この設計のほうが凝集度が高い、という会話が普通にできるといいね」をきっかけに、設計の勉強も。さまざまな価値観に出会う中、「まずは基本を共有したい」と願っています。

道北　俊行（株式会社堀場製作所）
新卒で入社し、計測器を作りながら、おもしろおかしく生きていたら、あっという間に10年以上経ってしまった。専門はハードウェアとソフトウェアをつなぐ仕事だけど、今はモノづくりのために何でもする人。入社2年目でSESSAME WG2に参加できたのが私の人生を変えた。たくさんの方とのすばらしい出会いがあって、ソフトウェアの作り方の根本的なところを教わり、それが今の自分の基盤になっていて、まったく色褪せない。この本との出会いが皆様の人生を変えますように。

森　孝夫（株式会社デンソー）
某高校で数学の非常勤講師を経験後、一般企業に入社し、Windowsデバイスドライバ、小規模から大規模（数百万行）、制御系からGUIまでを含む多種多様な組込みソフトの開発、および生産管理ソフトやWebアプリ等、ありとあらゆるソフトウェア開発を経験。その間、SESSAMEで活動する機会をいただくとともに、静岡大学情報学部および浜松市と連携して制御系組込みシステムアーキテクト養成プログラムの立ち上げに携わる機会をいただき、講師にも従事。その後、名古屋大学大学院情報科学研究科附属組込みシステム研究センター研究員を経て現職に至る。
昔から「生物の行動決定に至るまでの過程」に興味があり、特にスポーツ選手の状況判断の過程を推察しモデル化するのがライフワーク。このライフワークは、四半世紀経った今でも情熱が尽きない。そしてもうひとつ人生の多くの時間を費やしたのが、本書で解説している「モジュール化の思考」の抽出。ぜひご一読を。

山田　大介（ビースラッシュ株式会社）
ソフトウェアの設計に30年ほど従事している。ここ数年は、設計図を活用し、システムの全体を把握し、かつ、際どい箇所を押さえるアーキテクト育成活動を行ってきている。ピリオド(.)の目視が日々厳しくなる中、設計構造を見る日々が続いている。

SESSAME WG2
<ruby>セサミ ワーキンググループツー</ruby>

「組込みソフトウェア管理者・技術者育成研究会」(SESSAME: Society of Embedded Software Skill Acquisition for Managers and Engineers) の8つのワーキンググループの1つ。

SESSAMEは、日本のソフトウェア産業競争力強化のため、組込みソフトウェアにおける中級の管理者・技術者を10万人養成することを目標に2000年に立ち上げられた研究会。主催者は、東京大学 飯塚悦功教授。2004年にNPO法人化。

WG2は、本書の著者のまとめ役である山田大介(ビースラッシュ株式会社代表)を中心に、組込みソフトウェア構造化設計の標準的な教科書をつくる活動を続けている。本書は、10年来のメンバーを中心に、開発現場のニーズに合わせて、より実践的な書籍を目指した。

| 装丁・DTP | クニメディア株式会社 |

組込みソフトウェア開発のための
構造化プログラミング

2016年9月5日 初版第1刷発行
2024年3月5日 初版第3刷発行

著　者	SESSAME WG2（セサミ ワーキンググループツー）
発行人	佐々木 幹夫
発行所	株式会社 翔泳社　（https://www.shoeisha.co.jp）
印刷・製本	株式会社 シナノ

© 2016 SESSAME WG2

本書は著作権法上の保護を受けています。本書の一部または全部について、株式会社 翔泳社から文書による許諾を得ずに、いかなる方法においても無断で複写、複製することは禁じられています。
ソフトウェアおよびプログラムは各著作権保持者からの許諾を得ずに、無断で複製・再配布することは禁じられています。

本書へのお問い合わせについては、ⅱページに記載の内容をお読みください。

落丁・乱丁はお取り替えいたします。03-5362-3705までご連絡ください。

ISBN978-4-7981-4761-1　　　　　　　　　　　　　　Printed in Japan